大型风力发电机组动力学

赵　萍　高首聪　卜继玲　贺才春　著

科学出版社

北　京

内 容 简 介

本书围绕多体动力学理论在大型风力发电机组研究中的应用,从整机、系统到关键零部件介绍了风电机组的各种动力学特性。主要内容包括:风电机组多体动力学建模与求解的原理,传动系统的动力学特性研究,关键部件齿轮箱、发电机动力学特性分析,质量不平衡和气动不平衡仿真分析研究,偏航系统运动规律和影响因素,传动系统动力学试验验证方案、设备、工况、数据分析及与仿真计算结果对比。

本书可作为从事大型风电机组整机研发以及从事风电机组叶片、齿轮箱、发电机、偏航系统、变桨系统等关键系统和零部件设计的工程技术人员的专业参考书,也可供高等院校相关专业教师及研究生参考。

图书在版编目(CIP)数据

大型风力发电机组动力学/赵萍等著. —北京:科学出版社,2017.
ISBN 978-7-03-052695-3

I. ①大… II. ①赵… III. ①风力发电机-发电机组-动力学 IV. ①TM315

中国版本图书馆 CIP 数据核字(2017)第 099654 号

责任编辑:裴 育 纪四稳 / 责任校对:桂伟利
责任印制:吴兆东 / 封面设计:陈 敬

科 学 出 版 社 出版
北京东黄城根北街 16 号
邮政编码:100717
http://www.sciencep.com
北京凌奇印刷有限责任公司 印刷
科学出版社发行 各地新华书店经销

*

2017 年 5 月第 一 版 开本:720×1000 B5
2021 年 9 月第三次印刷 印张:15 1/4
字数:291 000

定价:108.00 元
(如有印装质量问题,我社负责调换)

序　言

　　2016 年第十二届全国人民代表大会常务委员会批准了《巴黎协定》,标志着我国已向国际社会承诺,到 2020 年非化石能源占一次性能源消费比重将达到 15%,作为负责任的大国率先应对全球气候变化。

　　发展风电是我国推动能源战略转型的重要途径之一。2015 年我国风电装机容量达到 1.45 亿千瓦,发电量 1863 亿千瓦时,占电力消费的 3.2%。要确保 2020 年非化石能源发展目标,除水电外,可再生能源要承担重要发展责任,其中风电产业至少要达到 2.1 亿千瓦的并网装机规模,并力争达到 2.5 亿千瓦,即从目前到 2020 年,年均新增装机规模要保持在 2500 万千瓦左右。同时,风电产业也将面临产业布局的优化调整,技术创新、成本下降和可靠性提高将成为风电产业发展的主流。

　　国内的风机制造行业从 2005 年开始快速发展,大部分技术来源于国外。而中国中车将高铁与风电嫁接起来,将高铁的核心技术以“同心多元化”的形式应用到风电中:将高铁车辆路轨应用的高分子复合材料应用于风电机组叶片,将高铁异步牵引电机、永磁同步牵引电机和电励磁发电机的技术应用于风电机组电机,将高铁减速齿轮箱技术应用于风电机组增速齿轮箱,将高铁变流器技术应用于风电机组变流器,将高铁减振降噪技术应用于风电机组的齿轮箱、发电机、机舱和轮毂的弹性支座,将高铁智能控制技术和大数据技术应用于风电机组控制和智能化。研发了适应高原、高寒、沙漠、山区等区域的风电机组,牵头制定行业标准《高海拔风力发电机组技术导则》和《低风速风力发电机组选型导则》,产品链涵盖风电机组叶片、齿轮箱、发电机、变流器、减振器件、塔筒等全系列配套,为风电未来的发展提供了若干解决方案,形成了完整的风电产业链。

　　在“中国制造 2025”的引领下,风电制造行业再次迎来了重大发展机遇,发展的关键是通过技术攻关和创新驱动提升产品质量、降低成本,运用信息化、智能化来提高产品市场竞争力,实现全球化目标。中国中车也注意到在风电制造行业中的技术积累和协同创新的重要性,为实现风电装备制造的“中国智造”,促进风电技术发展,鼓励青年科技人才归纳总结技术成果,不断发现问题、解决问题、创新技术思路。

　　高效大容量是风电机组的主要发展方向。高效大容量风电机组离不开大叶轮和高塔架,大叶轮和高塔架带来了由质量增大、刚度降低所引起的固有频率降低、趋向于叶轮转速的频带的技术变化,运转时易发生共振,危及机组安全。统计发现,风电机组设计容量从 1.5 兆瓦上升到 3 兆瓦时,其传动系统扭转固有频率可以降低 50%。传统的风电机组设计流程,传动系统被简化成两自由度模型,仅得到叶轮和塔架关键位置的载荷,完全忽略了传动系统的动态特性,造成了结构部件设计误差,导致其承载能力的降低。中国中车在国内率先推出低风速大叶轮风电机组,注重建模、仿真和试验,从多层面、多角度对风电机组动力学特性进行了分析和研究,如大叶轮、高塔架与整机的匹配性研究,风电机组态特性和分析方法研究,从根本上保证大型风电机组运行的稳定性。

　　该书作者赵萍博士长期从事大型风电机组动力学研究及测试分析,参与了多个型号风电机组的整机设计及动力学特性研究分析,在工程实践中积累了不少经验和成果,已在相关领域发表高水平论文十多篇、申请发明专利多项,为该书的撰写打下了良好的基础;高首聪总工程师为风电机组整机系统设计专家,凭借在高铁设计领域的技术积累成功打造了多款风电机组产品;卜继玲博士长期从事风电弹性元件的结构设计和仿真技术研究,对于风电机组齿轮箱、发电机、机舱罩弹性支撑及联轴器的设计和仿真积累了丰富的理论和工程实践经验;贺才春教授级高级工程师长期从事减振降噪的研究和产品开发,带领团队开发的减振降噪阻尼材料已应用于轨道交通、风电、汽车、船舶和军工等诸多领域,为书中振动、模态试验的顺利开展提供了有力保证。

　　《大型风力发电机组动力学》一书的出版有助于中国中车将风电产业打造为新的支柱产业,利用中国中车的技术"同心多元化"优势、产品链优势、产品质量控制优势、服务网络优势等,树立风电行业的全球品牌。

中国工程院院士

2017 年 3 月

前　　言

为了提高风电的市场竞争力,降低成本,风电机组单机容量向大型化发展。为了尽可能多地捕获风能,势必要增大风电机组叶片的扫风面积,即增加叶片的长度,这必然导致叶轮具有更大的质量和转动惯量,从而导致振动增大。为避免振动对风电机组产生破坏,需要进行风电机组动力学建模分析,预测其振动特性,以指导设计。近年来,振动故障在大型风电机组故障中占比越来越大,测试和诊断结果表明,动力学设计必须要贯彻到风电机组的设计之中。然而,目前市面上,专门针对风电机组动力学进行研究和分析的书籍资料并不多见。为此,作者在多年从事大型风电机组动力学分析研究工作的基础上撰写本书,旨在为风电机组设计人员尤其是动力学分析研究人员提供参考。

本书利用模拟仿真和试验验证相结合的方法,构建标准的整机动力学建模方法,参照风电行业权威的动力学认证规范——GL标准及大量国内外动力学认证标准和资料,构建适合国内带增速齿轮箱的风电机组动力学分析流程;利用建立的风电机组动力学模型,研究轻量化叶片对风电机组动态性能的影响,对比分析叶片轻量化前后风电机组的载荷曲线、功率曲线、转速曲线及关键部件的承载曲线;开展风电机组参数敏感性研究,研究叶片长度和重量、齿轮箱弹性支撑跨距、弹性支撑刚度等对风电机组动态性能的影响;最后,在对若干风电机组进行振动测试和分析的工作基础上,结合大量风电机组载荷计算结果和动力学分析结果,总结出对传动系统振动特性影响程度较高的特征工况和风电机组传动系统振动测试最优的定位点。在真实风场环境中的风电机组,可以根据经验对其运行工况有选择地进行振动测试。

作者所在的株洲时代新材料科技股份有限公司是国内著名的橡胶弹性元件、高分子减振降噪产品、风电叶片等的研发和生产企业,产品广泛应用于铁路、轨道交通、风力发电、桥梁、汽车等行业,拥有高分子材料工程化应用、减振技术、降噪技术、轻量化技术和绝缘技术等核心技术优势。其中风电类产品涵盖风电叶片、弹性支撑、阻尼材料、绝缘材料、联轴器、电磁线等六大类,风电叶片现有生产基地6个,已有3000多套叶片在全国90多个风场运行,性能和口碑良好。

本书以某水平轴风电机组为研究对象对风电机组的整机动力学、传动系统动力学以及齿轮箱、发电机、叶轮、偏航系统的动力学进行研究,主要介绍风电机组动力学仿真分析过程及计算结果。全书共8章。第1章为风电机组动力学研究现状。第2章为风电机组整机动力学,从基本概念、原理到建模、求解,重点对几种机型的整机动力学特性进行对比研究。第 3 章为风电机组传动系统动力学,包括动力学建模、参数计算、频域分析、时域分析等。第 4、5 章针对风电机组关键部件齿轮箱、发电机进行动力学特性分析研究,从多个维度对动态特性进行研究。第 6 章为风电机组叶轮不平衡特性研究,建立包括塔筒在内的整机动力学模型,对质量不平衡和气动不平衡分别进行仿真研究。第 7 章为风电机组偏航系统动力学,建立合适的兆瓦级风电机组偏航系统运动学模型,研究其运动规律和影响因素。第 8 章为传动系统动力学试验,包括试验方案、设备、工况、传感器布点位置等,重点在于试验数据分析,并将试验分析结果与仿真计算结果进行多角度对比。

本书由赵萍、高首聪、卜继玲、贺才春撰写,参与各章节撰写的人员还有高康、刘奇星、查国涛、王永胜、杨柳等。在本书的撰写过程中,得到了株洲时代新材料科技股份有限公司总经理杨军博士、国防科学技术大学肖加余教授和曾竟成教授、中车株洲电力机车研究所有限公司李晓光教授级高级工程师等的悉心指导,在此表示衷心的感谢。感谢中车株洲电力机车研究所有限公司风电事业部技术中心领导及总体部同事对本书研究工作的大力支持,感谢 GET 集团提供宝贵的德文动力学专业参考资料及技术方面的大力支持,同时也感谢科学出版社对本书出版的帮助。

受到作者知识水平的限制,书中不足或疏漏之处在所难免,恳请读者谅解和指正。

作　者

2016 年 11 月

目　　录

第1章　风电机组动力学研究现状

随着国内风能产业的持续发展,大容量、高可靠性的风电机组一直是风电设备整机制造商的研发方向。风电设备从气流中汲取能量,叶轮越大、风速越高,吸收的能量越多,因而需要不断增加其叶轮的扫风面积和塔架的高度,才能捕获更多的能量。叶轮扫风面积的增加必然要延伸叶片的长度,这样的结构尺寸变化造成了叶片质量加大、刚度变小,使其自身的固有频率降低,非常容易进入叶轮转速激励频率带,导致叶片在机组运行过程发生共振,极大地影响其工作的可靠性;同时,高塔架的设计也存在类似的问题。作为能量传递环节的传动系统,时刻接受着来自叶轮系统的能量,同时也承担叶轮系统传递的载荷,因此叶轮系统发生振动,不仅会影响传动系统的能量输入,也会向其传递振动,造成传动系统载荷突变,加剧其承载的状况,严重时会诱发传动系统共振,造成传动系统的早期失效。作为支撑结构的塔架系统,如果其固有频率也进入叶轮转速激励频率带,在机组运行时,将与叶轮系统一起振动,这种振动的耦合对机组工作的影响是灾难性的,目前,已经发生过叶轮-塔架耦合共振造成的风电机组破坏事故。

随着风电机组设计容量的增大,传动系统自身的固有频率也在降低。统计发现,风电机组设计容量从 1.5MW 上升到 3MW 时,其传动系统扭转固有频率可以降低 50%。因此,对于叶轮系统、传动系统和塔架的固有频率都处于低频带的风电机组,在工作时非常容易发生振动,增加机组结构部件的载荷。传统的风电机组设计流程在进行机组载荷计算时,传动系统被简化成 2 自由度模型,仅得到叶轮和塔架关键位置的载荷,传动系统载荷被忽略。因此,传动系统设备供应商只能利用这些关键位置的载荷外推得到传动系统结构部件的载荷,这样的载荷获取方式完全忽略了传动系统本身的动态特性,造成了结构部件设计载荷的误差,导致其承载能力降低。

综上所述,增大叶片与整机的匹配性研究,采用先进可靠的风电机组动态设计和分析方法,能从根本上保证大型风电机组运行的稳定性,是解决当今风电产业界上述问题的主要手段。

1.1　国内外风电机组动力学研究现状

风电机组运行于开放的大气环境中,气流有随机性、风剪切等影响,其叶片为了获得较好的气动特性而做成不对称的形状,并且固定在很高的柔性塔架上,因此风电机组的结构动力学特性分析相对于一般的工程机械更为复杂。为此,国外许多研究机构开展了包括弹性叶片和柔性塔架在内的大型风电机组结构动力学分析的方法研究,主要分为两大类:试验方法和计算方法。

试验方法是对叶片和塔架施加激励信号,然后通过测量输入信号和输出响应信号,用参数辨识的方法对其进行分析,从而得出风电机组的结构动力学特性参数。这是一种对具体风电机组直接研究的方法,所以结果可靠,是最有效的分析方法。但是,对于容量日益增大的大型风电机组,叶片和塔架通常都在几十米以上,这种情况下,要安装和运行满足试验条件的设备就有一定困难,而且从风电机组设计的角度考虑也不现实。

经典的计算方法是对耦合的运动方程进行数值积分求解,但用这种方法计算往往非常困难,尤其对于多自由度耦合系统,要想求出其解值就更复杂了。一般要对运动方程进行简化求解,如应用 Galerkin 方法对运动方程进行一阶简化,用 Floquet 方法估计动力系统稳定性,再用积分求解。这种方法工作量大,高阶情况更难求解。

近年来普遍用于风电机组结构动力学分析的计算方法是模态法和有限元法。模态法的基本思想是将耦合的运动方程组解耦成相互独立的方程,通过求解每个独立的方程得到各模态的特性参数,进而用所求得的模态参数来预测和分析该系统的运动特性。有限元法的基本思想是将连续的求解区域离散为一组有限个且按一定方式相互连接在一起的单元组合体,利用在每一个单元内假设的近似函数来分片地表示全求解域上待求的未知场函数,即用一个简单问题代替复杂问题后求解。

在风电机组的动力学特性研究方面,由于风电机组的主要部件(叶轮、塔架、传动系统和偏航系统)之间的强耦合作用,整个系统的动力学特性表现为复杂的不稳定性、气动弹性以及共振等。研究的关键是耦合系统的动力学建模,目前多是从结构动力学原理出发来解决这一问题。起初,普遍使用的是被广泛应用于直升机转子桨叶的等效铰链模型,它将桨叶等效为刚体,而根部与轮毂间由弹性柱铰连接,又称半刚性模型。因为大型风电机组的叶轮-机舱-塔架耦合系统的动态特性同直升机旋翼-机身耦合系统有相似之处,所以在直升机领域建立起来的比较成熟的研究方法对于大型风电机组的动态特性问题也是适用的。Friedmann 从直升机气动弹性问题出发,对无铰链转子给予特别关注,建立了无铰链叶轮转子塔架系统气动弹性模型,可以估计比直升机桨叶表现更为强烈的不稳定气动效应。Warmbrodt 等把单桨叶的气动弹性稳定性和动态响应问题扩展到无铰链桨叶转子、底舱和塔架组成的总系统上,忽略了桨叶的扭转变形,只考虑桨叶摆振和挥舞变形,假设塔架为一刚性连续梁,具有弯曲和扭转自由度:塔架和舱底间的偏转柔性,用一个绕塔架轴线的线性弹簧和阻尼器连接,转子的运动方程与塔架的运动方程通过轮毂上力和力矩平衡联立,实现叶轮-塔架运动方程的耦合。目前,实现叶轮转子运动方程与塔架运动方程的匹配,将对应不同的建模方法。Steinhart 为列出转子塔架系统的线性运动方程,使用 Hamilton 原理对塔架和桨叶这一弹性连续体推导了包括边界条件在内的偏微分方程。通过 Galerkin 公式,用底舱两个水平方向上的位移、俯仰和偏转四个自由度表达出塔架的模态坐标,实现运动方程的联立。Keibling 利用模态辅助函数对变量进行描述,其中使用了塔架的弯曲和扭转两个固有振型,以及桨叶的静态固有振型,首先将不旋转的塔架部分和旋转的转子部分隔开进行研究,然后利用模态结合法完成转子和塔架运动方程的耦合。Ahlström 在研究风电机组耦合转子机舱-塔架的气弹响应时,利用以 Hamilton 原理为基础的有限元法,应用 5 节点 18 自由度和 2 节点 12 自由度的梁单元模型分别离散桨叶和塔架,将机舱简化为刚体,建立了经过简化的模型。Jesper 利用弹性铰链法对水平轴叶轮转子塔架耦合系统建立了一个简单模型,只研究了叶片摆振和塔架侧向弯曲振动,没有研究叶片挥舞和塔架前后弯曲振动的情况。

我国风电产业发展与欧洲发达国家相比起步较晚,但经过 20 年的科技攻关,在国家有关部门和地方政府的支持下,我国风能利用技术有了很大提高,积累了不少成功的经验。但在风电机组动力学特性研究方面才刚起步,主要是借鉴国外的经验进行建模和分析。

1.2　国内外风电机组动力学分析研究方法

风电机组动力学问题是涉及多方面因素的综合性问题,包括结构动力学、空气动力学、系统动力学和声学等方面。国内外研究机构开展了包括大型风电机组结构动力学分析方法、风电机组动力学分析程序、柔性塔架叶轮稳定性和响应计算等有关风电机组动力学的大量研究工作。

美国以及欧洲诸国如德国、丹麦、瑞典、荷兰等在风电机组技术的发展和应用中起步较早,凭借其先进的计算机技术、雄厚的 CAD/CAM 基础和实力以及先进的制造水平,在技术上处于领先地位。国外的风电技术已经相当成熟,但结构分析多数基于小变形理论,目前国外论文中开始对风电机组进行非线性分析。例如,Ahlström 用非线性有限元软件 MSC. MARC 对风电机组进行了分析。

国内的风电机组动力学研究处于起步阶段,随着风电产业的蓬勃发展,国内风电机组动力学分析也在逐步深入研究中。信伟平应用自行开发的 Blade Design for Windows 软件中的叶片结构分析模块,建立叶片有限元模型,进行了风电机组旋转叶片动力特性及响应分析;常明飞研究了基于气动弹性力学的风电机组叶片动力学特性,建立了水平轴桨叶在升力和扭转气动力以及两者耦合作用下的颤振方程,讨论了桨叶的沉浮运动、扭转运动及沉浮-扭转耦合运动的稳定性。姜香梅和许艳分别对风电机组的关键部件进行了静动态特性分析。郭健运用 Blade Design for Windows 建立了整机数字模型,进行载荷计算;并在 Pro/E 中建立了塔架、轮毂和机舱底座的三维实体模型并导入 ANSYS 中进行静强度有限元分析。另外,张良玉对水平轴大功率高速风电机组叶轮空气动力学进行了计算;张锦源对风电机组叶片进行了可靠性研究。

国内的风电机组结构动力学研究主要针对单个零部件的动力学特性进行研究,技术也在逐渐成熟。在风电机组系统的动力学特性研究方面,目前多是从结构动力学原理出发来解决这一问题。凌爱民和庄岳兴提出对叶轮和塔架分别建模,应用模态综合技术分析叶轮-塔架耦合系统动力学特性的方法。杨校生等应用 ADAMS/WT 对 LY70-1500 风电机组整机模态进行了计算。

1.3　国内外风电机组动力学相关研究

水平轴风电机组的结构不同于其他常见机械结构,其主要结构部件位于很高的柔性塔架顶端,包括主机架、齿轮箱、主轴、轮毂、发电机以及三个大跨度的复合材料柔性叶片等。其运行过程是一个多因素耦合的过程,具体涉及风场动态特性、空气动力学、柔性体结构动力学、电机动力学以及控制测试等因素。多系统的耦合导致风电机组的载荷特性和动力学特性非常复杂。与风电机组相关的学科也得到了人们的重视和研究,并取得了一定的成果。

1. 风速分布及风场模型建立

风能作为风电机组能源的来源,其风速和密度的大小对于风电机组的正常工作至关重要。因此,在规划和建设风电场前必须对当地的风资源进行评估,以确定该地是否适合建风电场以及应该安装多大功率的风电机组。目前,对风速以及风能功率的计算和预测方法主要归纳为两个:统计方法和物理方法。统计方法,即在风电场当地特定高度处,实时监测风速的变化并记录下来,经过分析后建立一个风速分布模型,然后对以后的风速分析也采用此模型,这种方法数据处理简单,但需要很长时间,积累大量的监测数据。物理方法,即根据天气预报监测系统预测短期内的风向、风速、气温、湿度以及气压等数据,然后根据风电场附近等高线、温度分层以及粗糙度等信息,通过相关的风资源分析软件计算得到特定高度处的风向、风速、气温以及气压等信息。该方法计算量大,计算时间较长,且要求天气预报监测系统预测的短期天气情况误差不是太大。

在风速预测方面,国内外学者都做了大量的研究工作。国外,Welfonder 等曾将白噪声序列等效成风速序列,并使其通过整形滤波器,然后建立风速模型,还给出了求解整形滤波器相关参数的方法;Alexiadis 等运用人工神经网络的方法预测短期内的速度值,并通过多年收集到的数据对该方法进行了验证对比;Methaprayoon 等运用置信区间的概率统计方法并考虑风力发电不确定性,发展了一种基于人工神经网络方法的风速预测模型。Louka 等将 Kalman 滤波器用于风速预测的后处理中,以此消除了风速预测中可能的系统误差,得到了很好的预测结果;Abdel-Aal 等采用诱导网络方法预测风速,该方法可以提供兼有简化和自动模型综合分析优点的输入输出模型。国内也有很多学者在进行风速预测方面的研究。邹文等提出了一种基于 Mycielski 算法的风场风速预测模型,该模型在风速的平滑段有很高的预测精度;高爽等在中长期风速预测中提出了一种粗糙集理论,先用该理论分析出风速预测的主要影响因素,再将这些因素作为风速预测模型的附加输入,从而建立了粗糙集神经网络预测模型;潘迪夫等采用时间序列法对某实测风速建立了 ARIMA (auto regressive integrated moving average) 模型,对风速进行了预测,并提出 Kalman 时间序列法以及滚动式时间序列法,对风速预测模型进行了改进;管胜利通过局域波分解与时间序列分析,建立了风速预测模型,同时提出了局域波分解-时间序列分析综合预测方法,从而有效地提高了预测精度。

2. 多体动力学分析

最初,人们对多体系统的研究,多将其抽象成多刚体系统。各构件通过几何约束连接起来,完成预期的运动。多刚体动力学已经发展得相对成熟,并形成了多种建模方法,如 Lagrange 法、Newton-Euler 法、Huston 法及 Kane 法。但是随着人们研究对象的尺寸不断增大、结构重量增加、系统更加复杂,为了保证仿真结果的正确性,不得不考虑一些构件的柔性。随即人们开始了对柔性多体动力学的研究。柔性多体动力学是一门涉及经典动力学、计算力学、连续介质力学以及现代控制理论等学科的交叉型学科,已经在机械工程领域得到了广泛的应用。柔性多体动力学也一直是机械动力学方面学者研究的热点。

国外柔性多体动力学的研究已经取得了很大的成绩。Sunada 等用运动-弹性静力分析法或准静态分析法处理柔性多体动力学问题,把系统的动力学方程当做一个静力学方程处理,没有考虑构件的弹性变形对构件运动的影响,载荷只考虑了外部激励和惯性力,求出构件的弹性变形,进一步求得其位移、速度、应力及应变等;Likins 等提出了混合坐标法,即先对柔性体建立浮动坐标,然后将柔性体的运动看成相对于浮动坐标系的运动与浮动坐标系自身运动的叠加,此方法在很多工程领域得到了应用;Boland 等建立了相互联系并形成闭环结构的柔性体系统的动力学方程,并且研究了有关稳定性分析的线性化方程;Yoo 等将有限元法应用于空间机械系统的非线性动力学分析,通过振动和静态修正模态来考虑构件的线弹性变形,并提出了柔性体系统的动态子结构法。国内也有不少学者研究柔性体动力学方面的问题。洪嘉振等针对传统的零次近似模型的缺陷给出了一种新的建模理论,并在此基础上就刚-柔耦合动力学问题和动力刚化问题的离散化方法进行了研究;邓峰岩等针对柔性机械臂、空间实验室等柔性多体系统,提出了修正的 Craig-Bampton 模态综合法用于描述弹性变形,并将该方法与混合坐标法结合,更好地反映了系统的动力学特性;潘振宽等提出了一种用于多体动力学分析的微分/代数混合方程组数值积分法,并对约束方程雅可比矩阵的 QR 分解法进行了修正。

3. 风电机组传动系统研究

风电机组的传动系统是风力发电机的核心机构,包括叶片、轮毂、主轴、齿轮箱、联轴器及发电机等。而风电机组传动系统中,最重要的部件是齿轮箱。在风电机组传动系统以及齿轮箱方面,国内外学者做了大量的研究工作。Krull 等借助多体动力学软件 Dresp 进行了风电机组传动系统在两个瞬态现象之间的载荷仿真和固有频率的预测;Oezgueven 等讨论了齿轮动力学分析中常用的数学模型,并对其进行了分类,对动力学模型中每级的基本特性以及建模用到的参数、选用的目的等进行了分析;Lin 等建立了行星齿轮分析模型,并研究了其固有频率和振动模态,该分析模型还考虑了陀螺效应和时变刚度对行星齿轮振动的影响,对于循环对称的行星齿轮,其振动模态可以分为旋转模态、平动模态和行星模态,并对每一种模态的特性进行了详细分析;Nagamura 等提出了一种新的具有高传动比的行星齿轮传动系统,该齿轮包括两对圆弧齿廓齿轮和滚子,两者相互啮合,具有极小的间隙、很高的效率以及很高的疲劳强度。国内,宋保维等针对机械传动系统影响因素多且各因素具有一定的模糊性的特点,分析了传动系统方案的评价指标,并采用基于熵权的模糊层次分析法,建立了传动系统评价模型;邢子坤和秦大同等建立了风电齿轮传动系统的弹性动力学模型,并用模态叠加法求解了其动力学微分方程,对传动系统进行了失效模式以及影响分析(FMEA),并在考虑风载变化的条件下,建立了传动系统的可靠性评估模型;朱才朝等在考虑齿轮系统齿侧间隙、时变刚度以及制造误差的基础上,建立了大型风电机组多级传动齿轮箱的齿轮-传动轴-齿轮箱体系统的非线性耦合动力学模型。

4. 风电机组运行模拟

风电机组是一个涉及机、电、液、控制的复杂机械装备,并且处于高空,其维护和维修很不方便,而且成本很高。因此,在风电机组装机之前,模拟和预测其运行情况,检验其能否正常工作,是一项非常必要的工作。经过人们不断地探索和研究,现在已经发展出很多对风电机组机械结构、控制系统、电网并网等各个方面进行分析和仿真的方法,并且形成了一套行业标准。这些成果为风电行业的发展奠定了坚实的技术基础。

在风电行业标准中,各国根据本国的具体环境都制定了相应的标准,其中应用最广泛的标准是德国劳氏船级社(Germanischer Lloyd,GL)的风电机组认证规范。在整机系统的模拟方向也发展出很多分析工具软件,例如,Garrad Hassan 公司设计研发的 GH Bladed 是一款用于风电机组性能和载荷计算的综合软件,该软件现已被全球各大风电机组制造商、认证机构、设计研究组织使用,它可以快速计算风电机组的各种稳态性能,模拟风电机组运行、启动、停止、空转及停机的动态过程,并可以自动输出报告,GH Bladed 已经通过德国劳氏船级社的认证;由美国Oregon State 大学开发的 FAST_AD 是用于计算水平轴风电机组结构动力学的软件,并且集成了 Aerodyn 气动载荷计算模块,在水平轴风电机组的分析计算上应用比较广泛;由丹麦科技大学流体力学部开发的 FLEX5 可以仿真从一个叶片到三个叶片的陆上风机和海上风机;由美国可再生能源实验室下属公司开发的 ADAMS/WT,是集成在多体动力学软件 ADAMS 中的应用组件,专门用于各种类型的水平轴风电机组的建模及仿真;由德国 SIMPACK 公司(原 INTEC 公司)开发的多体动力学分析软件 SIMPACK,也集成了风机模块,由于其出色的计算能力和仿真结果,得到了各大风电机组制造商的青睐,国内金风科技、华锐风电、东方汽轮机等大型风电机组装备制造商已经购买该软件,并用于产品的研发。除了上述各风电机组分析软件,还有一些优秀的软件被用于风电机组的仿真和模拟,如DUWECS、FLEXLAST、FOCUS、GAROS、GAST、HAWC、PHATAS-IV、TWISTER、VIDYN 及 YawDyn 等。

第2章 风电机组整机动力学

多体动力学是近年来发展起来的研究复杂机械系统动力学行为的一个重要工具,它依据能量守恒定律建立表征系统动力学行为的二阶偏微分方程,这类偏微分方程一般难以得到解析解,因此常用数值方法如 Newmark 方法求解。有限元法是在结构力学基础上发展起来的表征复杂结构力学性能的一种方法,在机械动力学领域得到了广泛的应用。起初,人们通过有限元法对单个或多个零部件受载后的变形以及应力、应变情况进行分析。但这只局限于单个或局部零部件的变形分析,由于有限元法无法处理刚体的位移,而机械系统通常是由具有较大的平动位移和转动位移的弹性构件相互连接组成的,所以零部件的变形分析与整体系统的运动学、动力学分析是分开的。为了考虑机械系统内部构件的弹性变形,以及其与整体刚性动力的相互作用或耦合,包括这种耦合产生的独特的动力学效应,人们开始研究这种刚-柔耦合的动力学模型。该模型将机械部件的刚体运动与弹性变形的非线性耦合以及机械系统中的相关约束引入动力学模型中,通过分析计算,即可得到机械系统在运行过程中的任意瞬时的动态响应及时间历程。

一个完整的机械系统一般由多个部件装配而成。在计算机模型中,一般是靠几何和装配约束将部件构成整体,并完成预期动作,所以这个模型系统称为多体系统。如果系统中的每个部分刚度都很大,在外激励作用下,不会产生任何变形,这个多体系统就为多刚体系统;如果系统的一些部分刚度并不大,在实际情况中会产生不可忽略的变形,因而模型也必须计入这类变形,这类系统称为多柔体系统。多刚体和多柔体系统共同构成多体动力学系统。在多刚体系统中,部件全部为刚体,但可以通过在部件连接处添加弹性、阻尼等元素来考虑部件之间的相互作用;多柔体系统主要侧重于由柔体与刚体组成的系统有大范围空间运动的动力学行为,并且多刚体为多柔体的特殊情况,多柔体系统动力学是在多刚体系统动力学的基础上发展起来的。

2.1 多体动力学基本概念

物理模型:又称力学模型,是由物体、铰、力元和外力等元素组成并具有一定拓扑构型的系统。

拓扑图:多体系统中各物体的联系方式称为系统的拓扑图,简称拓扑。根据系统拓扑中是否存在回路,可将多体系统分为树系统与非树系统。系统中任意两个物体之间的通路唯一,不存在回路的,称为树系统;系统中存在回路的称为非树系统。

物体:多体系统中的构件定义为物体,有质量和惯量属性。在计算多体动力学中,物体区分为刚性体(刚体)和柔性体(柔体)。刚体和柔体是对机构零件的模型化,刚体在仿真过程中几何或质量属性不变化,柔体一般用带质量矩阵和刚度矩阵的有限元模型表示,也可定义为梁的形式。

约束:对系统中某构件的运动或构件之间的相对运动所施加的限制称为约束。约束分为运动学约束和驱动约束,运动学约束一般是系统中运动副约束的代数形式,而驱动约束则是施加于构件上或构件之间的附加驱动运动条件。

铰:又称运动副,在多体系统中将物体之间的运动学约束定义为铰。铰约束是运动学约束的一种物理形式。

力元:在多体系统中物体之间的相互作用定义为力元,又称内力。力元是对系统中弹簧、阻尼器、制动器的抽象,理想的力元可抽象为统一形式的移动弹簧-阻尼器-制动器,或扭转弹簧-阻尼器-制动器。

外力(偶):多体系统外的物体对系统中物体的作用定义为外力(偶)。

数学模型:分为静力学数学模型、运动学数学模型和动力学数学模型,是指在相应条件下对系统物理模型(力学模型)的数学描述。

机构:装配在一起并允许做相对运动的若干个刚体的组合称为机构。

运动学:研究组成机构的相互连接的构件系统的位置、速度和加速度,其与产生运动的力无关。运动学数学模型是非线性和线性的代数方程。

动力学:研究外力(偶)作用下机构的动力学响应,包括构件系统的加速度、速度和位移,以及运动过程中的约束反力。动力学问题是已知系统构型、外力和初始条件求运动,也称为动力学正问题。动力学数学模型是微分方程或者微分方程和代数方程的混合。

静平衡:在与时间无关的力作用下系统的平衡,称为静平衡。静平衡分析是一种特殊的动力学分析,在于确定系统的静平衡位置。

逆向动力学:逆向动力学分析是运动学分析与动力学分析的混合,是寻求运动学上确定系统的反力问题,与动力学正问题相对应,逆向动力学问题是已知系统构型和运动求反力,又称动力学逆问题。

连体坐标系:固定在刚体上并随其运动的坐标系,用以确定刚体的运动。刚体上每一个质点的位置都可由其在连体坐标系中的不变矢量来确定。

广义坐标:唯一确定机构所有构件位置和方位即机构构形的任意一组变量。广义坐标可以是独立的(即自由任意地变化)或不独立的(即需要满足约束方程)。对于运动系统,广义坐标是时变量。

自由度:确定一个物体或系统的位置所需要的最少的广义坐标数,称为该物体或系统的自由度。

约束方程：对系统中某构件的运动或构件之间的相对运动所施加的约束用广义坐标表示的代数方程形式，称为约束方程。约束方程是约束的代数等价形式，是约束的数学模型。

2.2 多体动力学原理

2.2.1 虚位移原理

虚位移原理，又称分析静力学原理，是研究刚体和柔性体多体动力学的基本定律。虚位移是指系统在一定位置上的质点在系统的约束下假想的无限小的位移。如果用 q 表示系统中质点的位置，那么质点的虚位移通常用 δq 来表示。虚功 δW 是指系统中所有的力包括惯性力在虚位移上所做的功。在这里虚功表示为

$$\delta W = \sum_{i=1}^{n} Q_i \delta q_i \qquad (2.1)$$

力向量中第 i 个分量 Q_i 可认为是第 i 个虚位移 δq_i 为 1 而其余虚位移分量 δq_j 为 $0(j \neq i)$ 时的虚功。如果所研究的系统具有 n 个自由度，那么虚位移原理就可以表示为

$$\delta W = \sum_{i=1}^{n} Q_i \delta q_i = 0 \qquad (2.2)$$

这意味着系统中所有的力所做的虚功必须为零。这里所说的力是指外力而不是内力，因为内力在系统中是成对产生、大小相等、方向相反的，从而不产生虚功。

2.2.2 Hamilton 原理

如果所研究的系统具有 n 个自由度 $q_j(j=1,\cdots,n)$，设 $L=T-V$ 为 Lagrange 函数，其中 T 和 V 分别为系统的动能和势能，以及 W_{nc} 为非保守力所做的功。Hamilton 原理可叙述为：Lagrange 函数和非保守力从时刻 t_1 到 t_2 的时间积分的变分等于零。它指出，受理想约束的保守力学系统从时刻 t_1 的某一位形转移到时刻 t_2 的另一位形的一切可能的运动中，实际发生的运动使系统的 Lagrange 函数在该时间区间上的定积分取驻值，大多取极小值，即

$$\delta A = \int_{t_1}^{t_2} \delta L \, dt + \int_{t_1}^{t_2} \delta W_{nc} \, dt = 0 \qquad (2.3)$$

在多数情况下，为了表达式比较简洁，经常采用相关自由度来定义系统的运动，而相关自由度之间是通过代数方程来约束的。假设一个系统采用具有 n 个相关自由度的向量 q 以及 m 个约束方程 $\phi_k(q,t)=0(k=1,\cdots,m)$ 来表示，Hamilton 原理的表达形式为

$$\delta A = \int_{t_1}^{t_2} \delta L \, \mathrm{d}t + \int_{t_1}^{t_2} \delta W_{\mathrm{nc}} \, \mathrm{d}t - \int_{t_1}^{t_2} \sum_{k=1}^{m} \sum_{i=1}^{n} \left(\delta q_i \, \frac{\partial \phi_k}{\partial q_i} \lambda_k \right) \mathrm{d}t = 0 \qquad (2.4)$$

式(2.4)中间的最后一项也可以用矩阵的形式表示为 $\delta q^{\mathrm{T}} \Phi_q^{\mathrm{T}} \lambda$,其中 λ 是 Lagrange 乘子向量,Φ_q 是约束函数的雅可比矩阵。

2.2.3　Lagrange 方程

根据 Hamilton 原理可以直接推导出 Lagrange 方程。设动能 $T = T(q, \dot{q})$ 以及 $V = V(q)$,它们的变分为

$$\delta T = \sum_{i=1}^{n} \frac{\partial T}{\partial q_i} \delta q_i + \sum_{i=1}^{n} \frac{\partial T}{\partial \dot{q}_i} \delta \dot{q}_i = \delta q^{\mathrm{T}} \frac{\partial T}{\partial q} + \delta \dot{q}^{\mathrm{T}} \frac{\partial T}{\partial \dot{q}} \qquad (2.5\mathrm{a})$$

$$\delta V = \sum_{i=1}^{n} \frac{\partial V}{\partial q_i} \delta q_i = \delta q^{\mathrm{T}} \frac{\partial V}{\partial q} \qquad (2.5\mathrm{b})$$

$$\delta W_{\mathrm{nc}} = \delta q^{\mathrm{T}} Q_{\mathrm{ex}} \qquad (2.5\mathrm{c})$$

式中,Q_{ex} 是表示外力的向量。直接应用 Hamilton 原理的表达式(2.4),有

$$\int_{t_1}^{t_2} \left[\delta q^{\mathrm{T}} \left(\frac{\partial T}{\partial q} - \frac{\partial V}{\partial q} + Q_{\mathrm{ex}} - \Phi_q^{\mathrm{T}} \lambda \right) + \delta \dot{q}^{\mathrm{T}} \frac{\partial T}{\partial \dot{q}} \right] \mathrm{d}t = 0 \qquad (2.6)$$

式(2.6)中左边最后一项应用分部积分法,可得

$$\int_{t_1}^{t_2} \delta \dot{q}^{\mathrm{T}} \frac{\partial T}{\partial \dot{q}} \mathrm{d}t = \left[\delta q^{\mathrm{T}} \frac{\partial T}{\partial \dot{q}} \right]_{t_1}^{t_2} - \int_{t_1}^{t_2} \delta q^{\mathrm{T}} \frac{\mathrm{d}}{\mathrm{d}t} \frac{\partial T}{\partial \dot{q}} \mathrm{d}t \qquad (2.7)$$

因为物体运动在积分的两个时间点是确定的,它们的变分应该等于零,即 $\delta q(t_1) = \delta q(t_2) = 0$,所以式(2.7)中右边第一项为零。将式(2.7)代入式(2.6),得

$$\int_{t_1}^{t_2} \delta q^{\mathrm{T}} \left(\frac{\mathrm{d}}{\mathrm{d}t} \frac{\partial L}{\partial \dot{q}} - \frac{\partial L}{\partial q} - Q_{\mathrm{ex}} + \Phi_q^{\mathrm{T}} \lambda \right) \mathrm{d}t = 0 \qquad (2.8)$$

通过选择 m 个恰当的 Lagrange 乘子,总可以使得式(2.8)积分符号中的括号项等于零,即

$$\frac{\mathrm{d}}{\mathrm{d}t} \frac{\partial L}{\partial \dot{q}} - \frac{\partial L}{\partial q} + \Phi_q^{\mathrm{T}} \lambda = Q_{\mathrm{ex}} \qquad (2.9\mathrm{a})$$

如果系统质量不随事件而变化,那么式(2.9a)可以写成传统形式如下:

$$M\ddot{q} + Kq + \Phi_q^{\mathrm{T}} \lambda = Q_{\mathrm{ex}} \qquad (2.9\mathrm{b})$$

它们和 m 个约束方程:

$$\Phi(q, t) = 0 \qquad (2.10)$$

一起组成了 $n+m$ 个微分代数方程组。这个方程组就是表征系统动态响应的方程组。

尽管直接联立求解方程(2.9)和(2.10)在逻辑上比较简单,但是在实现上具有

一定困难。为了避免直接求解微分代数方程组,一般将约束方程组(2.10)对时间 t 求二阶导数,即

$$\Phi_q \ddot{q} = -\dot{\Phi}_t - \dot{\Phi}_q \dot{q} = c \qquad (2.11)$$

这样系统的状态方程就全部是微分方程。对于二阶微分方程的求解已经有了比较成熟的理论。

但是,这种直接联立求解方程组(2.9)和(2.11)的方法有一个与生俱来的缺点。由于对约束代数方程求二阶导数,那么约束函数中的常数项将会消失,这样就失去了对变量的约束,从而使得约束方程失去了效用,导致微分方程组求解的不稳定和求解过程发散。

为了解决这个问题,将约束方程作为一个动态系统直接加入系统微分方程,然后给它们乘以一个巨大的系数作为惩罚。惩罚系数越大,约束方程实现的效果就越好,但同时也会带来一些数值稳定性和病态问题。因此,应选择恰当的惩罚因子。

$$(M + \Phi_q^{\mathrm{T}} \alpha \Phi_q) \ddot{q} + Kq + \Phi_q^{\mathrm{T}} \alpha (\ddot{\Phi} + 2\Omega\mu\dot{\Phi} + \Omega^2 \Phi) = Q \qquad (2.12)$$

对于双精度计算,最大质量的 10^7 倍就可以获得较好的计算结果。μ 和 Ω 是位于 $1 \sim 20$ 区间的值,在这里起稳定的作用。研究表明,它们的具体数值的大小和方程的表现并没有太大的关系。通过比较可以发现,式(2.12)中的 $\alpha(\ddot{\Phi} + 2\Omega\mu\dot{\Phi} + \Omega^2 \Phi)$ 起到了和 Lagrange 乘子 λ 类似的作用。

2.2.4　阻尼矩阵

在任何一个机械系统中总会有使得能量消耗的因素存在,它们是以阻尼的形式出现的。只不过在阻尼较小的情况下或只是求解系统的固有频率或远离共振区域的强迫振动时,可以忽略阻尼的作用。在一般情况下,为了方便求解方程,可以将阻尼表示成质量矩阵 M 和刚度矩阵 K 的线性组合,即

$$C = k_1 M + k_2 K \qquad (2.13)$$

式中,k_1 和 k_2 是两个常系数,可以由两个不同振动频率对应的阻尼比来确定。考虑阻尼的系统微分方程变为

$$(M + \Phi_q^{\mathrm{T}} \alpha \Phi_q) \ddot{q} + C\dot{q} + Kq + \Phi_q^{\mathrm{T}} \alpha (\ddot{\Phi} + 2\Omega\mu\dot{\Phi} + \Omega^2 \Phi) = Q \qquad (2.14)$$

2.2.5　Newmark 方法

对于表征系统动态行为的偏微分方程,只有在少数十分简单的形式能够用初等方法得到它们的解析解。由于计算机技术的推广和普及,偏微分方程的数值解法得到了长足的发展。Newmark 方法就是其中一种得到广泛应用的数值方法。

首先以 q_{n+1} 作为基本未知量,得到加速度 a_{n+1} 和速度 v_{n+1} 的表达式为

$$a_{n+1} = \frac{1}{\beta \Delta t^2}(q_{n+1} - q_n) - \frac{1}{\beta \Delta t} v_n - \left(1 - \frac{\gamma}{2\beta}\right) a_n \qquad (2.15)$$

$$v_{n+1} = \frac{\gamma}{\beta \Delta t}(q_{n+1} - q_n) - \left(\frac{\gamma}{\beta} - 1\right) v_n + \left(1 - \frac{\gamma}{2\beta}\right) \Delta t a_n \qquad (2.16)$$

式中,下标 n 和 $n+1$ 分别表示在时间被离散化后第 n 个和第 $n+1$ 个时间点, Δt 是离散的时间间隔, β 和 γ 为常系数。将式(2.15)和式(2.16)代入系统方程(2.14),经过整理之后得

$$\left[\frac{1}{\beta \Delta t^2}(M + \Phi_q^{\mathrm{T}} \alpha \Phi_q) + \frac{\gamma}{\beta \Delta t} C + K \right] q_{n+1}$$

$$= Q - \Phi_q^{\mathrm{T}} \alpha (\ddot{\Phi} + 2\Omega \mu \dot{\Phi} + \Omega^2 \Phi) + M \left[\frac{1}{\beta \Delta t^2} q_n - \frac{1}{\gamma \Delta t} v_n + \left(1 - \frac{1}{2\beta}\right) a_n \right]$$

$$+ C \left[\frac{\gamma}{\beta \Delta t} q_n + \left(\frac{\gamma}{\beta} - 1\right) v_n - \left(1 - \frac{\gamma}{2\beta}\right) \Delta t a_n \right] \qquad (2.17)$$

Newmark 方法中最为精确的算法是 A 稳定的梯形算法($\beta = 1/4, \gamma = 1/2$)。对于线性系统,算法是能量守恒的,在积分过程中没有摒除任何次频成分。

2.3　多体动力学仿真软件介绍

目前比较通用的多体动力学计算软件有 SIMPACK 公司的 SIMPACK、MSC公司的 ADAMS、西门子公司的 SAMCEF 和韩国 FunctionBay 公司的 RecurDyn等。其中 SIMPACK、ADAMS 和 SAMCEF 具备较为完善的风电机组多体动力学分析能力。SIMPACK 和 ADAMS 是通用的多体动力学软件,均有专业的风机模块,SAMCEF 是唯一一款只应用于风电机组多体动力学的分析软件。各风电机组多体动力学软件情况对比如表 2.1 所示。

表 2.1　各风电机组多体动力学软件情况对比

风电机组动力学建模功能需求	SIMPACK	ADAMS	SAMCEF
风电机组叶片建模	自带的叶片生成模块或者从 FEMBS 导入	ADWIMO 风机模块	内置叶片生成模块
风电机组传动系统建模,包括主机架、齿轮箱、发电机、联轴器等	自带齿轮箱模块,也可以从通用 CAD 软件导入	ADWIMO 风机模块	内置各个风机零部件生成模块
气动载荷计算	联合 Aerodyn 气动软件联合仿真	联合 Aerodyn 气动软件联合仿真	内置 GH Bladed 计算内核
柔性体建模、刚-柔耦合	自带柔性体生成模块生成简单柔性体,也可从有限元软件中导入	离散柔性体生成模块,也可从有限元软件中导入	本身为有限元内核,自带柔性体建模单元模拟柔性体,并能实现非线性柔性体建模

风电机组动力学 建模功能需求	SIMPACK	ADAMS	SAMCEF
弹性支撑、轴承模拟	提供丰富的力元模拟弹性元件,拥有专业的轴承模块建立详细的轴承模型	拥有专业的轴承工具箱 BearingAT,也可以用接触-约束关系来模拟弹性支撑	自带弹性支撑、轴承模块直接建模
与各种三维实体几何模型接口功能	专业 CAD 软件接口包	专业 CAD 软件接口包	具备一般 CAD 软件导入功能

2.3.1　SIMPACK

SIMPACK 作为一款通用的多体动力学软件,应用最早、最广的行业是轨道车辆。SIMPACK 非常重视在风电行业的应用,最新版本整合了风机模块,提高了风电机组建模效率,不仅是通用的多体动力学软件,也具备了专业的风电机组分析能力。其开放式建模能力为人们提供了广泛的建模思路,在风电机组传动系统(尤其齿轮)建模有较高的效率。其强大的求解能力为风电机组这种复杂刚性系统甚至刚-柔耦合系统提供了有效的保障,在仿真传动系统动力学性能的时域、频域分析中均有不错的表现。

除了在传动系统动力学性能分析能力比较突出,SIMPACK 还在以下几个风电机组应用方面也颇有建树。

(1) 与空气动力学 Aerodyn 联合进行载荷分析,区别于 GH Bladed 的静态载荷,其输出载荷可以是风电机组运行时实时的动态载荷。

(2) 与空气动力学结合研究整机的动态特性(联合风电机组控制),叶片与整机的相互耦合作用。

(3) 风电机组的变桨机构设计验证分析。

(4) 控制策略的优化分析。

(5) 给出传动系统(尤其齿轮箱)的详细载荷,联合结构有限元可以进行动应力及疲劳分析等。

2.3.2　ADAMS

ADAMS 是美国 MDI 公司开发的,在被 MSC 公司收购后,现为 MSC 公司的主要产品之一。ADAMS 是集建模、求解、可视化技术于一体的虚拟样机软件,在航空航天、汽车、铁道、兵器、船舶、电子、工程设备及重型机械等行业有着广泛的应用。使用 ADAMS 可以产生复杂机械系统的虚拟样机,真实地仿真其运动过程,并且可以迅速地分析和比较多种参数方案。

在运动学/动力学核心模块的基础上,ADAMS 针对不同的工业领域开发了许多专业模块。针对风电机组动力学模块主要包含:ADWIMO 风机模块;GearAT 工具箱;BearingAT 工具箱。

ADWIMO 风机模块可以方便地完成风电机组的叶片、传动系统、塔筒建模,并且提供可视化交互操作界面,容易上手。GearAT 工具箱提供了详细的风电机组齿轮箱建模,从一维到三维可以建立详细的齿轮模型,有效地求解出齿轮的啮合力、传动关系等。BearingAT 工具箱类似于 GearAT 工具箱,可以建立一维到三维的轴承模型,并可提供线性和非线性的轴承刚度,真实地模拟轴承在风电机组运行的运动和力学特性。

通用高级应用包括柔性体、控制、振动、耐久性分析等。ADAMS/Flex 使用模态综合法分析部件弹性的影响,将有限元模态分析结果加入整个系统的仿真中。ADAMS/Vibration 用于系统模型频域的强迫振动分析,以确定系统的振动性能,进行减振、隔振设计及振动性能优化,并可根据轨迹图进行稳定性分析,输出数据可以用来进行 NVH(noise vibration harshness)研究。ADAMS/Durability 可生成子系统或零部件的载荷历程,驱动疲劳分析的工具,如 MTS 设备或疲劳分析软件,并可在 ADAMS 中对部件进行概念性疲劳强度方面的研究。

利用 ADAMS 的外部接口,可联合 MATLAB/Simulink 或 EASY5 进行联合仿真,同时 ADAMS/Flex 模块可导入柔性体文件,利用 ADAMS/Vibration 模块进行整机刚-柔或柔-柔耦合振动分析。ADAMS 仿真输出结果可导入MSC. Nastran 进行关键零部件线性/非线性 FEA 分析,也可导入 MSC. Fatig 进行疲劳分析。

作为最早、最为经典的一款多体动力学软件,ADAMS 得到了广泛的应用,在航空航天、汽车、通用机械等重量级行业占据主导地位。ADAMS 在风电行业更偏向于基础研究,商业化应用略为逊色。

2. 3. 3　SAMCEF

SAMCEF 是比利时列日大学开发的软件(现被西门子公司收购),主要致力于结构有限元分析、机械系统虚拟仿真、多学科优化设计以及多物理场耦合分析。SAMCEF 分两个模块,即 SAMCEF Mecano 和 S4WT(SAMCEF for Wind Turbines)。S4WT 是 SAMCEF 的风力发电机模块,是风力发电机总体设计和验证分析的专业软件,是一款集整机载荷计算、传动系统多体动力学分析和结构有限元分析为一体的三合一软件,可以在同一环境下完成风机的各种分析,并且可以用于设计和认证各种类型的风电机组,包括直驱型风机、半直驱型风机、双馈型风机、陆上风机、海上风机、大功率风机等,用于整个风电机组的设计和分析验证。

　　S4WT 采用非线性有限元理论模拟柔性多体动力学系统和基于动量-叶素理论来表征空气动力学,构建包含部件柔性、非线性及部件之间(包含机电系统之间)相互作用的高精度整机模型,考虑部件柔性、非线性及部件之间、机电系统之间的耦合作用。依靠全耦合一体化的高精度整机模型,可以得到更加精确的动态载荷和结构响应,进而优化风电机组结构和控制系统设计,提高风电机组设计可靠性。

　　S4WT 应用的数学方法能对经典的 MBS 问题建模并快速求解,也能对包含刚性单元、超单元和有限元单元部件的复杂模型进行建模和求解。另外,风电机组系统模型还包含一些特殊单元如柔性轴承、齿轮等,通过 S4WT 能够建立包含柔性和间隙等重要特性的复杂齿轮箱的精确模型,进行风电机组传动系动力学分析。采用 Aero 单元计算作用在叶片上的空气动力载荷。通常,叶片被离散为若干截面,每个截面赋予相应的空气动力、几何、弹性和机械特性。这种特定单元对动量-叶素理论起到了补充的作用,说明了实际风场来自湍流风模型、塔影效应、离地面较近的风剪切效应和叶片之间相互作用等。

　　风电机组控制系统利用控制器建模,控制器可在 S4WT 内部定义或者从MATLAB/Simulink 等仿真工具外部导入,还可以兼容 GH Bladed 的 DLL 文件。控制器通过传感器和执行器单元与机械系统相连,用于测量和计算距离、相对转动等运动信息。

　　在 S4WT 中集成了多种 GL 和 IEC 标准载荷工况,用户可以直接调用,极大地方便了用户进行风电机组的验证和认证。同时 S4WT 还具有很好的开放性,方便调用其他软件定义的工况。利用 S4WT 完成分析后,可以自动生成包含所有模型、分析和结果信息的分析报告,还可以生成适用于 GL 等认证机构认证格式的报告。这样,风电机组用户可以直接采用 S4WT 的分析结果进行相关的认证,使风电机组认证变得简单快捷。

　　S4WT 拥有强大的后处理功能,包含模态振型显示、瞬态结果动画显示、应力分布、疲劳结果、坎贝尔图、FFT(快速傅里叶变换)分析和三维坎贝尔图等,非常方便用户对结果进行分析。

2.4　风电机组多体动力学建模

2.4.1　风电机组建模过程

　　风电机组的多体动力学模型在一定程度上具有与物理样机相当的功能真实度。通过对风电机组静态及运行时动态的模拟,可以分析并且显示实际风电机组整体及零部件的运动和载荷情况,找出风电机组运行时的不安全因子,预测潜在的安全隐患,并通过各种参数改变,得到整机及零部件的最佳设计参数。利用多体动力学模型代替物理样机来对其候选设计的各种特性进行测试和评价,可减少研发成本,缩短研发时间。

多体动力学在风电行业的应用已超过 30 年,随着计算机软硬件技术的发展和数值计算方法的日趋成熟,尤其是在国际上的风电行业权威认证(如 GL 认证)中强制要求风电机组设计必须给出系统动力学分析后,出现了一批风电机组多体动力学模拟的商用软件,能很好地模拟风电机组整机系统的动力学特性。

风电机组多体动力学分析的典型流程如下:

(1) 通过合理的假设,将整机系统物理样机简化为数学-物理模型(系统的模型拓扑图)。

(2) 对真实物理样机进行一定的假设,系统离散为一系列的刚-柔性体并分别建模。

(3) 引入有限元法对柔性体进行离散,并结合多体动力学方法进行刚-柔耦合。

(4) 利用多体动力学软件进行分析,对数学-物理模型进行数值求解。

(5) 对结果进行后处理,将系统中待优化参数提取,进行下一步优化分析。

一个风电机组整机系统,从初始的几何模型到动力学模型的建立,经过对模型的数值求解,最后得到分析结果,其流程如图 2.1 所示。计算多体动力学分析的整个流程,主要包括建模和求解两个阶段。建模分为物理建模和数学建模,物理建模是指由几何模型建立物理模型,数学建模是指从物理模型生成数学模型。几何模型可以由动力学分析系统几何造型模块构建,或者从通用几何造型软件导入。对几何模型施加运动学约束、驱动约束、力元和外力或外力矩等物理模型要素,形成表达系统力学特性的物理模型。物理建模过程中,有时需要根据运动学约束和初始位置条件对几何模型进行装配。由物理模型,采用笛卡儿坐标或 Lagrange 坐标建模方法,应用自动建模技术,组装系统运动方程中的各系数矩阵,得到系统数学模型。对系统数学模型,根据情况应用求解器中的运动学、动力学、静平衡或逆向动力学分析算法,迭代求解,得到所需的分析结果。联系设计目标,对求解结果再进行分析,从而反馈到物理建模过程,或者几何模型的选择,如此反复,直到得到最优的设计结果。

在建模和求解过程中,涉及几种类型的运算和求解。首先是物理建模过程中的几何模型装配,图 2.1 中称为"初始条件计算",这是根据运动学约束和初始位置条件进行的,是非线性方程的求解问题;其次是数学建模,是系统运动方程中的各系数矩阵的自动组装过程,涉及大型矩阵的填充和组装问题;最后是数值求解,包括多种类型的分析计算,如运动学分析、动力学分析、静平衡分析、逆向动力学分析

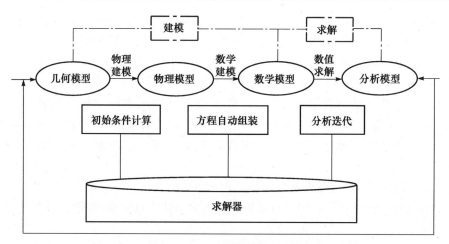

图 2.1　多体动力学建模与计算流程

等。运动学分析是非线性的位置方程和线性的速度、加速度方程的求解;动力学分析是二阶微分方程或二阶微分方程和代数方程混合问题的求解;静平衡分析从理论上是一个线性方程组的求解问题,但实际上往往采用能量的方法;逆向动力学分析是一个线性代数方程组求解问题。其最复杂的是动力学微分代数方程的求解问题,它是多体动力学的核心问题。

2.4.2　风电机组坐标系

根据 *Germanischer Lloyd* 2010:*Guideline for the Certification of wind Turbines* 2010 标准(以下简称 GL 2010 标准),载荷计算过程中需要用到不同的坐标系,图 2.2(a)～(f)为标准中采用的坐标系。图 2.2(a)为叶根坐标系,Z_B 与叶片变桨轴重合;X_B 垂直于 Z_B,对于上风行风机,正向指向塔架方向;Y_B 垂直于叶片轴线和主轴轴线,满足右手定则,原点位于叶根部位,坐标系随叶轮旋转。图 2.2(b)为叶片坐标系,Y_S 沿弦向,指向叶片后缘;Z_S 沿叶片变桨轴方向;X_S 垂直于弦;并且 X_S、Y_S、Z_S 符合右手定则,原点位于相应的弦线和叶片变桨轴的交点处,随着叶轮的旋转和叶片变桨一起旋转。图 2.2(c)为静止轮毂坐标系,X_N 沿叶轮轴线方向;Z_N 竖直向上;Y_N 垂直于 X_N;并且 X_N、Y_N、Z_N 符合右手定则,原点位于叶轮中心,不随叶轮旋转。图 2.2(d)为旋转轮毂坐标系,X_R 沿叶轮轴线方向;Z_R 沿叶片变桨轴方向;X_R、Y_R、Z_R 符合右手定则,原点在叶轮中心,随叶轮一起旋转。图 2.2(e)为偏航坐标系,X_K 沿叶轮轴线方向;Z_K 沿塔筒轴线方向;X_K、Y_K、Z_K 符合右手定则,原点在塔顶截面塔筒轴线上,随机舱一起旋转。图 2.2(f)为塔筒坐标系,原点在塔顶截面塔筒轴线上,不随机舱一起旋转。

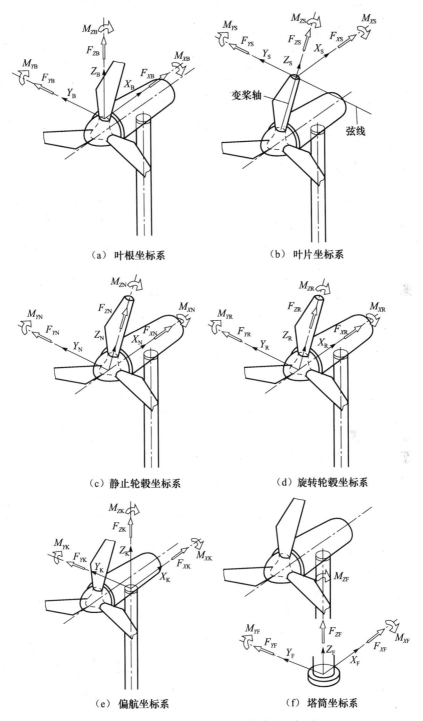

（a）叶根坐标系　　　　　　　　（b）叶片坐标系

（c）静止轮毂坐标系　　　　　　（d）旋转轮毂坐标系

（e）偏航坐标系　　　　　　　　（f）塔筒坐标系

图 2.2　风电机组整机动力学常用坐标系

2.4.3　叶片柔性体建模

Rotorblade Generation 模块是 SIMPACK 公司在 SIMPACK 软件中设计的叶片模块。通过叶片物理参数的定义,可以很方便地建立风电机组叶片的柔性模型。风电机组的核心部件是叶轮,而叶轮的核心部件是叶片。叶片是一个中空的大跨度的构件,兆瓦级的风电机组叶片主要是由复合材料制成的。将叶片设计成中空的结构,是为了最大限度地降低叶片的自重,以减轻在风电机组运行过程中叶根处的载荷,如图 2.3 所示。

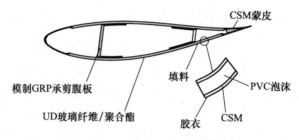

图 2.3　风电机组叶片截面图

对于这种由复合材料黏结、装配而成的大型构件,直接用有限元法建立的模型,其质量刚度分布等特征与实际模型相比误差较大,而且模型不容易建立。本书通过 SIMPACK 的叶片生成模块建立叶片模型。SIMPACK 在考虑叶片物理特性信息的输入时,先将叶片分成很多小段(图 2.4),然后将每一段上每个截面的几何属性以及每一段的质量和刚度属性等一起输入叶片生成模块。

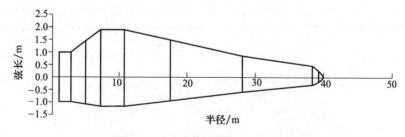

图 2.4　叶片变桨轴线及叶片分段图

SIMPACK 中叶片建模的坐标系与 GL 2010 标准中规定的叶片坐标系是相同的。叶片坐标系的原点位于叶片的变桨轴与叶根相交处,并且随着叶轮一起转动,其坐标轴方向和坐标相对于叶轮和轮毂是固定的,如图 2.5 所示。坐标轴 Z_B 与叶片的变桨轴线重合,并且指向叶尖;当叶片没有变桨时,坐标轴 Y_B 位于叶轮的旋转平面,并且指向叶片的后缘。

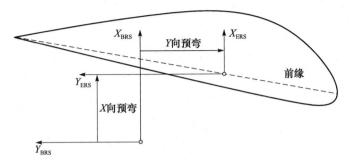

图 2.5 叶片单元参考系

对于叶片分段后,每一小段的叶片单元也应定义其参考系。SIMPACK 中叶片每一段单元的参考系如图 2.6 所示。叶片未变形时,叶片单元参考系的原点位于叶片的变桨轴线上。但是在实际风机运行过程中,叶片会在风载和自身重力的作用下弯曲,此时叶片单元相对于叶片参考系的位置也会发生变化,因此在 SIMPACK 高级叶片模型中,考虑了由叶片的预弯曲引起的叶片单元参考系的变化,如图 2.6 所示,叶片中某单元参考系在 X 和 Y 方向相对于叶片参考系均发生了位移。但是,叶片单元参考系的 X、Y、Z 轴仍平行于叶片参考系的 X、Y、Z 轴。

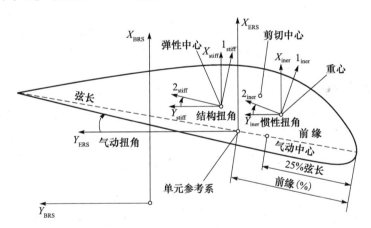

图 2.6 叶片各单元上各特性参考中心

在 SIMPACK 的动力学计算中,除了叶片参考系和叶片单元参考系,还有一些其他辅助参考及其相关参数,例如,描述叶片弹性变形的弹性中心和结构扭角,描述叶片单元质量属性变化的惯性扭角和重心,描述叶片单元气动特性以及受载特性的气动中心和剪切中心等,如图 2.6 所示。这些具体的参考及参数都可以在 SIMPACK 的叶片信息文件中定义,以此可以更详细、准确地反映叶片的结构特性及模型信息,更真实地模拟叶片的工作情况。

SIMPACK 中柔性叶片模型的建立是在其叶片模块中进行的。叶片模块需要两个详细的包含叶片各单元及整体信息的文件输入,这两个文件分别是 rbl 和 rbx 文件。rbl 文件包含所有关于叶片的物理及结构数据;rbx 文件则包含叶片的图形显示数据。

rbl 文件是生成叶片最主要的文件,它给出了叶片所有细节数据,包括刚-柔体定义、图形显示、理论选择、marker 定义以及叶片各段详细参数定义(质心位置、质量线密度、单位长度转动惯量、挥舞方向刚度、摆振方向刚度、气动扭角、弦长、翼型厚度及前缘等)等。rbx 文件是通过输入 X、Y 坐标描述翼型的截面形状的,截面坐标系如图 2.6 所示。rbx 文件中的 X、Y 坐标有三个要求:①X 坐标仅可以变换一次方向;②Y 坐标在起始、终止及转向时值为 0;③叶片顶部和底部表面的坐标不能相互干涉。在叶片模型生成的前处理中,SIMPACK 会根据用户定义的 rbl 和 rbx 文件生成标准的 rbl 和 rbx 文件。标准的 rbl 和 rbx 文件会对用户没有定义的一些参数提供默认值或生成相应的值,以更好地描述和显示叶片模型。准备好标准的 rbl 和 rbx 文件后,即可生成叶片的柔性体模型,在 SIMPACK 中打开生成的叶片模型。

2.4.4　复杂柔性体建模

柔性模型的建立也可以通过有限元法进行。因为有限元法可以分析任意复杂结构物体的模态和强度,所以通过有限元法可以建立复杂的柔性体模型,如风电机组中的轮毂、主轴、主机架、齿轮箱行星架、齿轮轴等。用 ANSYS 的有限元法建立 SIMPACK 柔性模型的具体过程如图 2.7 所示。

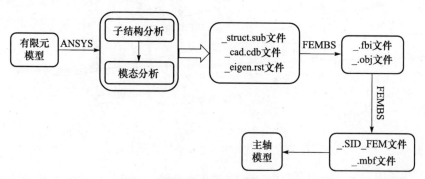

图 2.7　SIMPACK 柔性模型建立流程

通过有限元法建立 SIMPACK 的柔性模型时,首先要建立该构件的有限元模型。SIMPACK 与常用有限元分析软件均有接口,如 ANSYS、NASTRAN、ABAQUS、IDEAS、MARC 及 PERMAS 等。本书以 ANSYS 作为有限元分析的工具。由于有限元法常用来分析系统中某些构件的应力和变形,而且通常自由度数较多,自由度数达到 10^6 很普遍;而在系统的多体动力学分析中,其自由度数通常只有几百。对于很多多体系统的动力学分析,需要考虑一些构件的柔性,因此构件的完整的柔性模型是无法在多体动力学软件中分析的,需要对构件的有限元模型进行缩减。有限元模型的缩减方法有静态缩减、动态缩减,通过模型的缩减使模型的运动信息转化到两个主节点的运动信息,在多体动力学软件中,只需求解主节点的运动状态即可。本书采用的是动态子结构缩减法,其基本原理公式如下:

$$\underline{M}^* = \begin{bmatrix} \underline{M}_{ee} & \underline{M}_{ei} \\ \underline{M}_{ie} & \underline{M}_{ii} \end{bmatrix} \tag{2.18}$$

$$\underline{C}^* = \begin{bmatrix} \underline{C}_{ee} & \underline{C}_{ei} \\ \underline{C}_{ie} & \underline{C}_{ii} \end{bmatrix} \tag{2.19}$$

$$p^* = \begin{bmatrix} p_e \\ p_i \end{bmatrix} \tag{2.20}$$

以上分别表示系统的质量矩阵、刚度矩阵和载荷,下标 e 和 i 分别对应主坐标系和从坐标系。

主、从坐标系通过如下关系进行转换:

$$\hat{u}_i = -\underline{S} \cdot \hat{u}_e \tag{2.21}$$

定义 S 为

$$\underline{S} = (\underline{C}_{ii} - \omega^2 \cdot \underline{M}_{ii})^{-1} (\underline{C}_{ie} - \omega^2 \cdot \underline{M}_{ie}) \tag{2.22}$$

一般系统的运动学方程为

$$\underline{M} \cdot \ddot{u} + \underline{D} \cdot \dot{u} + \underline{C} \cdot u = p \tag{2.23}$$

因此缩减模型的运动学方程为

$$\underline{M}_{red} \cdot \ddot{u}_e + \underline{D}_{red} \cdot \dot{u}_e + \underline{C}_{red} \cdot u_e = p_{red} \tag{2.24}$$

$$u = \underline{T} \cdot u_e \tag{2.25}$$

式中,T 为转换矩阵,缩减模型运动学中各量的求解如下:

$$\underline{C}_{red} = \underline{C}_{ee} - \underline{C}_{ei} \, \underline{C}_{ii}^{-1} \, \underline{C}_{ie} \tag{2.26}$$

$$\underline{M}_{red} = \underline{M}_{ee} - \underline{M}_{ei} \cdot \underline{S} - \underline{S}^T \cdot \underline{M}_{ie} + \underline{S}^T \, \underline{M}_{ii} \, \underline{S} \tag{2.27}$$

在风电机组的整机动力学仿真中,结合 GL 标准的相关要求,本书将风力发电机主轴、各级齿轮轴等柔性体的模型采用有限元法建立。具体建模过程如图 2.8 所示。

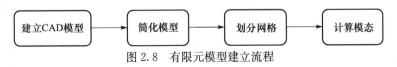

图 2.8　有限元模型建立流程

首先在三维设计软件(如 Pro/E、SolidWorks、UG、CATIA 等)中建立部件的CAD 模型,然后对模型进行简化。对复杂模型进行简化是有限元网络划分之前一个必要的工作,也是对模型进行有限元分析中的一个常用方法。在复杂模型中一些小孔、小圆角及小边线附近,划分网格时必须对网格进行细化,以保证网格质量,这样就会大大增加模型的网格数量,大幅增加计算机计算时间。因此,对于模型中的一些小的特征,如果不是有限元分析重点考虑的位置,均可以做相应的简化处理,将这些特征删除。

模型简化完成后,即可导入有限元分析软件或专门的网格划分软件,进行网格划分。现有的有限元分析软件都具有划分网格的功能,如 ANSYS、MSC. MARC、ADINA 及 ABAQUS 等,但是这些软件的网格划分功能都不是很强,对于复杂的模型,只能自动生成四面体单元,导致模型的精度不高。因此,对于一些复杂结构的网格划分,通常在专业的网格划分软件中进行,如 Hypermesh、ANSA 等。

网格划分完成后,导入 ANSYS,使用超单元缩减模型,并进行模态计算。ANSYS 中所有的建模、计算及后处理操作,都可通过命令流实现。因此,风机零部件的网格模型导入 ANSYS 后的定义分析类型、设置超单元分析选项、定义主自由度、施加载荷、定义载荷步以及求解计算等过程,均可以通过命令流实现。主轴模态分析中,设置边界条件后,所有操作的命令流如图 2.9 所示。

```
finish
/solu
antype,substr
seopt,mainshaft_struct,2, ,1
m,17903,all
m,17904,all
m,17905,all
solve
finish
/clear
/filnam,mainshaft_eign
/prep7
Et,1,matrix50
se, mainshaft_struct
finish
/solu
antype,modal
modopt,lanb,30
mxpand
d,17903,Ux
d,17903,Uy
d,17903,Uz
d,17903,ROTy
d,17903,ROTz
solve
finish
```

图 2.9　ANSYS 主轴模态分析命令流

ANSYS 计算完成后,根据图 2.7 将文件 mainshaft_struct.sub、mainshaft_cad.cdb 及文件 mainshaft_eigen.rst 导入 SIMPACK 的 FEMBS 接口中,生成 mainshaft.SID_FEM 和 mainshaft.mbf 文件,在 SIMPACK 中新建体后,导入上述 mainshaft.SID_FEM 文件,即可完成柔性主轴的建模,导入 SIMPACK 中的柔性体,包含模型的质量属性以及模态和阻尼信息。同理,通过有限元法建立其他柔性体的过程与建立主轴模型的过程完全相同。

2.5 整机动力学

2.5.1 风电机组虚拟样机建模

风电机组整机建模遵循分层次、分步骤的建模原则,从零件、部件、结构、系统到整机模块化建立各自的独立模型,再根据模型之间的连接关系进行集成,如图 2.10 所示。

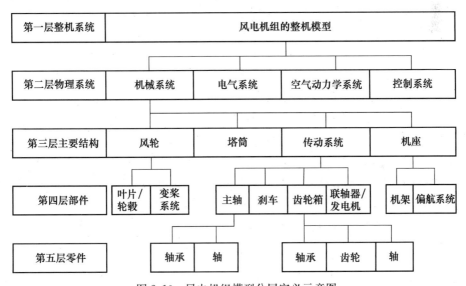

图 2.10 风电机组模型分层定义示意图

动态载荷在风电机组总成系统中的复杂传递关系如图 2.11 所示。各能量传递节点需要考虑的因素如下:①风况,阵风、强对流、大梯度等;②工作状态(失速/变桨控制)、空气动力学影响(湍流、流场损失);③叶片的弯曲、扭转和速度;④齿轮箱箱体的刚度,扭转支撑,弹性支撑跨距,齿轮的刚度、质量、惯性,轴承的非线性、间隙、轴向和径向的振型;⑤塔筒和机械结构中旋转类零件的扰度、风激励,对于海上风电机组,还要考虑主轴激励;⑥主轴轴承承载情况;⑦刹车力矩、联轴器偏移;⑧发电机的轴承、转子扰度;⑨电网的影响;⑩电气系统异常;⑪控制(机械刹车、偏航、叶片变桨)。

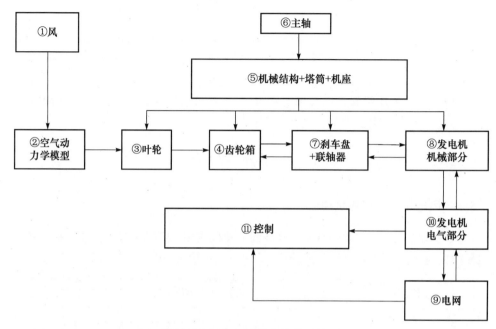

图 2.11　风电机组载荷的传递关系

本书利用 SIMPACK 建立了风电机组虚拟样机模型,其拓扑结构如图 2.12 所示。模型包括叶轮(即图中的叶片(3 片))、轮毂、主轴、齿轮箱与发电机。风电机组的受力采用在叶片上施加风载的方式,SIMPACK 中气动力元 FE241 是与空气动力学软件 Aerodyn 的接口,运行时通过与 Aerodyn 联合仿真的形式来计算气动力。变桨控制的仿真则通过力元 FE243(Wind Controller Interface)实现,在叶片和轮毂之间分别增加零质量的虚拟轮毂和虚拟变桨,允许叶片沿轴向旋转,计算时 SIMPACK 直接调用控制模型的动态库 DLL 文件实现变桨控制。为实现变桨控制,SIMPACK 通常将发电机转子的转动速度和发电功率作为输出,输入控制程序中,而将控制程序输出的变桨角作为 SIMPACK 的输入传回 SIMPACK 动力学模型中,从而实现联合仿真。

轮毂和主轴之间通过力元 FE13(Spring-Damp Rot Meas Inp Cmp)表示它们之间的螺栓连接。主轴与机架之间通过主轴承连接,用力元 FE41(Spring-Damp Matrix Cmp)表示,齿轮箱整体作为子结构导入整机模型,力元 FE5(Spring-Damp Parallel Cmp)表示连接齿轮箱与机架的弹性支撑。联轴器与前后的齿轮箱和发电机均为固接,联轴器各零部件之间的连接只考虑沿轴向旋转的自由度,扭转刚度和阻尼在力元 FE13 中体现。发电机转子和定子之间有轴承和电磁力,分别用力元 FE43(Bushing Cmp)和 FE50(Force Torque Expression Cmp)表示。同样,力元 FE5 表示连接发电机与机架的弹性支撑。

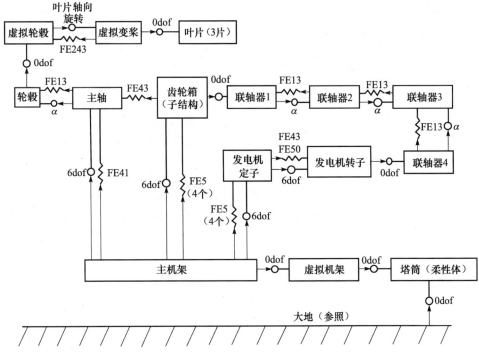

图 2.12　风电机组虚拟样机拓扑结构图

　　机架底部建立了一零质量的虚拟机架连接塔筒,整台风电机组通过塔筒与地面连接,塔筒采用 SIMPACK 的柔性体功能,由有限元软件导入而生成柔性体塔筒模型。本次仿真分析采用在有限元软件 ANSYS 中生成塔筒的缩减文件,再利用 SIMPACK 的柔性体导入功能,将有限元文件(sub 和 cdb 文件)生成塔筒柔性体的 fbi 文件,然后利用 fbi 文件生成柔性塔筒模型。

　　叶片采用 SIMPACK 提供的叶片生成器自动生成柔性体的叶片模型,由于本次仿真分析需要耦合 Aerodyn 计算气动力,所以在生成柔性体叶片时,在叶片的 rbl 文件中设置生成 30 个气动 Marker 点,这些气动 Marker 点是将来施加 Aerodyn 中计算的气动力的施加点。经过 SIMPACK 的叶片生成器自动生成的柔性体的叶片模型。如图 2.13 所示,黑色的 Marker 点即叶片模型上的气动 Marker 点。

图 2.13　叶片模型上的气动 Marker 点

整机的三维模型如图 2.14 所示。

图 2.14　风电机组整机三维模型

由于在本次仿真中动力学需要与 Aerodyn 进行耦合计算,所以需要风况文件。风况文件由 IECWIND 生成,其输入文件如图 2.15 所示。

```
!HEADER:Sample input file for IECWind version 5.01.01
!Output file parameters
True      SI UNITS (True=SI or False=ENGLISH)
100.      Time for start of IEC transient condition, sec
!Wind Site parameters
3         IEC WIND TURBINE CLASS (1, 2 or 3)
b         WIND TURBULENCE      CATEGORY (A, B or C)
0.0       Slope of the wind inflow (IEC specifies between −8 and +8), deg
0.2       IEC standard used for wind shear exponent
!Turbine parameters
85.0      Wind turbine hub-height, m or ft
110.0     Wind turbine rotor diameter, m or ft
3.0       Cut-in wind speed, m/s or ft/s
9.5       Rated wind speed,m/s or ft/s
20.0      Cut-out wind speed, m/s or ft/s
!List of Conditions to generate (one per line)
EOGi
ECD-r+2.0
EWSV+120
```

图 2.15　风况输入文件

本次仿真分析选取的是发电工况(DLC1.5),选择 IECWIND 生成的风况文件,在 IEC 标准中,极端风切变工况作用时间为 12s。为了使风电机组在极端风切变工况开始时处于稳定状态,在 IEC 的风况文件中将极端风切变开始的时间定为 70s。

0~70s 风速恒定为 11.5m/s, 70~82s 风速仍为 11.5m/s, 但有风切变。

2.5.2 动力学模型参数计算

弹性支撑和联轴器的阻尼计算分别如下。

弹性支撑阻尼为

$$d = 2D\sqrt{Km_{eq}/n}$$

式中, D 为阻尼系数; K 为弹性支撑刚度; n 为弹性支撑数量; m_{eq} 为等效质量, $m_{eq} = I/r^2$, r 为旋转力臂半径, I 为旋转方向的转动惯量。

齿轮箱弹性支撑的转动惯量计算公式为 $I = I_{blades} + I_{mainshaft} + I_{hub} + I_{housing}$, 其中 I_{blades} 为叶轮整体相对主轴的转动惯量, $I_{mainshaft}$ 为主轴绕轴向旋转的转动惯量, I_{hub} 为轮毂绕轴向旋转的转动惯量, $I_{housing}$ 为齿轮箱整体绕轴向旋转的转动惯量。

发电机弹性支撑的转动惯量计算公式为 $I = I_{rotor} + I_{stator}$, 其中 I_{rotor} 为发电机转子绕主轴旋转方向的转动惯量, I_{stator} 为发电机定子及机座绕主轴旋转方向的转动惯量。

联轴器阻尼为

$$d = 2D\sqrt{KI}$$

其中, D 为阻尼系数; K 为扭转刚度; I 转动惯量, 其计算依次如下。

联轴器 1:

$$I = I_{coupling1} + I_{coupling2} + I_{coupling3} + I_{coupling4} + I_{rotor}$$

联轴器 2:

$$I = I_{coupling2} + I_{coupling3} + I_{coupling4} + I_{rotor}$$

联轴器 3:

$$I = I_{coupling3} + I_{coupling4} + I_{rotor}$$

联轴器 4:

$$I = I_{coupling4} + I_{rotor}$$

其中, $I_{coupling1}$、$I_{coupling2}$、$I_{coupling3}$、$I_{coupling4}$ 分别为联轴器第一、二、三、四段绕主轴旋转方向的转动惯量。

2.5.3 动力学仿真结果分析

选择同一功率等级三种不同型号的风电机组进行动力学仿真分析, 三种机型的区别主要是在叶片的结构形式上。图 2.16~图 2.18 为 A2、B1、B2 三种型号风电机组在整个时间段内的发电机转速、发电机输出功率和变桨角变化曲线。图中, B1 和 B2 均为叶轮直径 103m 的风电机组, B1 的叶片材料为玻璃钢, B2 的叶片材料为碳纤维和玻璃钢混合; A2 为叶轮直径 110m 的风电机组, 其装配的是轻量化的玻璃钢叶片。

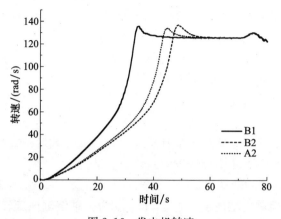

图 2.16　发电机转速

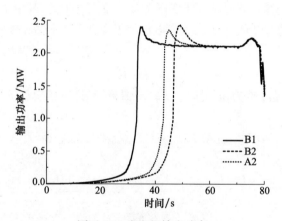

图 2.17　发电机输出功率

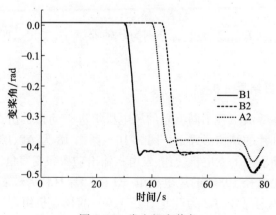

图 2.18　发电机变桨角

从图 2.16~图 2.18 可以看出,在变桨控制的作用下,三种发电机的输出功率保持在 2MW 附近,并且随着系统的逐步稳定,都处于相对稳定的状态。在 70s 的风切变后,都相应地有波动,说明风电机组的虚拟样机模型能真实地反映变桨控制对机组的控制作用,验证了模型的准确性。

图 2.16 的发电机转速曲线对比表明:B2、A2、B1 三种机型的启动过程转速的增加依次减缓。图 2.17 的发电机功率曲线与横坐标轴围成的面积即启动过程的发电量,显然启动的发电量为 B2>A2>B1,即风电机组启动过程中同叶片长度、质量较轻的叶片的发电量更多,同质量、叶片长度较长的叶片发电量更多。图 2.18 表明,质量轻的叶片变桨动作也率先开始,有利于风电机组载荷控制。

图 2.19 叶片根部的法向力变化结果表明:叶片根部载荷在变桨时有波动但力的大小无显著变化,风切变对叶片根部载荷有较大的冲击作用,瞬间冲击载荷可达稳态时的 5 倍左右。图 2.20 叶片中部的法向力变化结果表明:叶片实现了变桨,也使叶片上的载荷降低并趋于稳定,即叶片的变桨起到了降低和稳定载荷的作用,风切变对叶片中部载荷有更大的冲击作用,瞬间冲击载荷可达稳态时的 9 倍左右。对比图 2.19 和图 2.20 可知,叶片根部载荷最先趋向稳定的为 B2,然后为 A2,最后为 B1,但 A2 对应瞬间冲击载荷的最大值低于 B1 和 B2,计算结果分别得到了载荷计算结果的验证。

该工况下三种型号风电机组的齿轮箱弹性支撑的受力情况如图 2.21 和图 2.22 所示。从图中可以看出,在变桨过程中齿轮箱弹性支撑上的力有波动,在经历风切变的过程中(从 70s 到 80s),齿轮箱弹性支撑上的 Y 向瞬间冲击载荷为稳定时的 10 倍以上,Z 向瞬间冲击载荷只有稳定时的 3 倍左右,说明风切变过程对齿轮箱 Y 向的载荷影响很大。对比图 2.21 和图 2.22 还可以看出,A2 对应瞬间冲击载荷的最大值高于 B1 和 B2,说明风切变对齿轮箱载荷的影响按 B2、B1、A2 的次序增加,与载荷计算结果中的 F_Y、F_Z 规律一致。

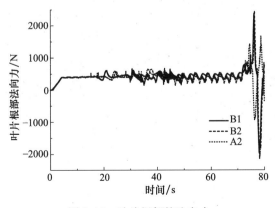

图 2.19　叶片根部的法向力

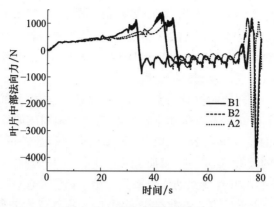

图 2.20　叶片中部的法向力

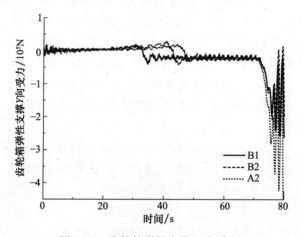

图 2.21　齿轮箱弹性支撑 Y 向受力

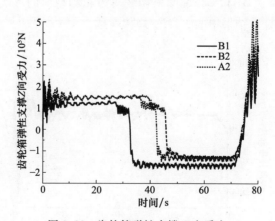

图 2.22　齿轮箱弹性支撑 Z 向受力

对图 2.22 齿轮箱弹性支撑 Z 向受力进一步做 FFT,得到如图 2.23 所示的频率-幅值图。可以看出,Z 向受力波动最大的频率为 0.67Hz,与叶轮转频的 3 倍频 0.665Hz 基本相同,说明叶轮的 3 倍频对齿轮箱 Z 向受力影响较大。

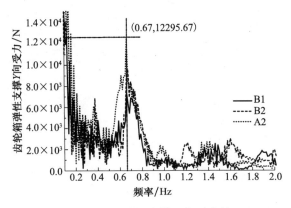

图 2.23 齿轮箱弹性支撑 Z 向受力的 FFT

同时,在整个运行过程中,塔筒顶部也发生了较大偏移,图 2.24 为塔筒顶部在 X 方向的位移,从该曲线可以看出,在变桨控制作用下,塔顶位移减小,在风切变作用下,塔顶位移有较大的波动;图 2.25 为叶尖在 X 方向的位移,其变化趋势与塔顶类似。叶尖的最大位移为叶片转动到顶部的位移,在底部时,其最大位移约为 1m,远远小于叶尖与塔筒壁之间的距离,因此叶尖不会扫掠到塔筒上。对比图 2.24 和图 2.25 还可以看出,A2 在变桨瞬间和风切变作用下其塔顶和叶尖位移波动都是最大的,说明 A2 更柔。

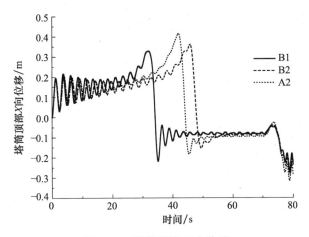

图 2.24 塔筒顶部 X 向位移

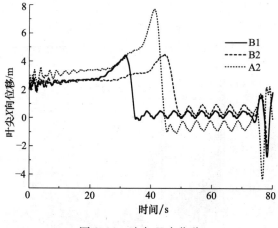

图 2.25　叶尖 X 向位移

第3章　风电机组传动系统动力学

为了降低成本,提高风电的市场竞争力,世界各国竞相研制大功率风电机组,单机容量向大型化发展。但是,由于风能具有能量密度低的特点,且要想实现大功率发电,就要尽可能多地捕获风能,势必要增大风电机组叶轮的直径,大型风电机组的叶轮直径已超过100m,并有逐年增大的趋势。叶轮直径的增加,必然会导致叶轮具有更大的质量和转动惯量,这将导致振动增大。为避免振动对风电机组产生破坏,需要进行风电机组动力学建模分析,预测其共振特性。

动力学分析是动态设计的基础,而设计需要了解系统的各方面特性,如力学要求、材料性能、加工工艺、故障机理等。风电机组系统的故障(包括叶轮故障、塔架及基础故障、传动系统故障、控制系统故障、电气系统故障及发电机故障等)是风能利用中的最大障碍,也是影响风能产业发展的重要因素。传动系统作为风电机组必不可少的中间环节,其故障情况直接影响着风电机组的使用寿命。因此,有必要对传动系统进行动力学分析,避免可能出现的由于设计造成的运行故障。

本书以一低风速大叶片风电机组(以下简称某风电机组)为例,按照GL 2010标准部分关于传动系统分析的要求,对其传动系统动力学进行详细分析和计算。书中动力学分析工具使用的是SIMPACK;网格划分工具使用的是HyperWorks;有限元分析工具使用的是ANSYS。在传动系统动力学分析基础上,利用已搭建好的模型对如叶片的长度和质量、齿轮箱弹性支撑跨距、齿轮箱弹性支撑刚度等参数从整机的角度进行敏感性分析。

3.1　风电机组传动系统动力学分析概述

机械部件的模态建模可以将真实的物理结构抽象成力学模型,完成对其使用寿命的预测和工作性能的评估。其中,在进行模态建模时,要重点对机械部件的结构进行简化,有效地利用超单元,一个精炼和精确的力学模型可以提高计算效率,节约计算机资源,同时对后续的分析过程影响极大。以传动系统的主轴结构为例,如图3.1所示,对其进行模态建模一般要经历四个步骤。

这四个步骤分别为结构的几何建模、有限元建模、超单元建模和模态建模。随后,对各个机械部件进行模态分析,利用模态装配技术完成整个传动系统的力学建模,如图3.2所示。

风电机组在自然界中遭受各种风况外部条件,工作条件十分恶劣。需要抽象

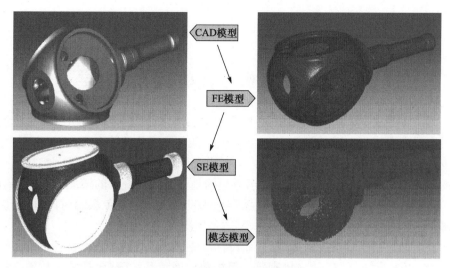

图 3.1　主轴结构模态建模过程

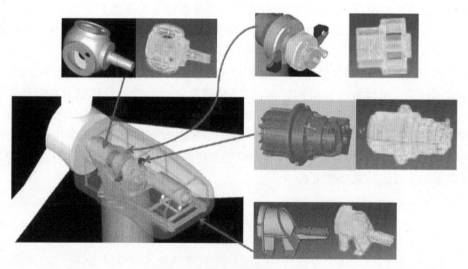

图 3.2　传动系统部件模态装配

各种风况,对其进行全面的工作可靠性评估。本章分别抽象多种风况条件,配合机组启动、额定发电、紧急停机等工作状态,完成传动系统的振动校核。

利用计算的结果数据可以详细分析风电机组传动系统在各种工况下的动态特性,校核其工作的可靠性,预测机组的可利用率。其中,对计算结果的分析侧重于获得传动系统的固有模态,根据系统在运行时受到的激励载荷,查找其潜在共振点。这个工作主要利用传动系统的模态能量图、坎贝尔图和三维坎贝尔图来完成,如图 3.3 所示。

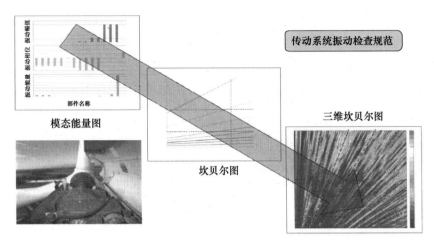

图 3.3　传动系统动态特性分析

3.2　风电机组传动系统动力学分析

3.2.1　风电机组传动系统动力学建模

图 3.4 为本书所研究的带齿轮箱的双馈风电机组传动系统示意图。

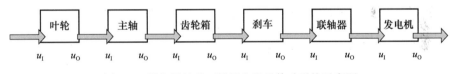

图 3.4　带齿轮箱的双馈风电机组传动系统示意图

图中，u_I 表示输入向量，u_O 表示输出向量。输入向量由惯性单元的三维空间的力矩和受力决定：

$$u_I = \begin{bmatrix} M_\alpha & M_\beta & M_\gamma & F_x & F_y & F_z \end{bmatrix}^T \quad (3.1)$$

输出向量则是由内力矩 $^iM_{\alpha,\beta,\gamma}$ 和受力 $^iF_{x,y,z}$、扭转角 $^i\varphi_{x,y,z}$ 和位移 $^iS_{x,y,z}$、角速度 $^i\dot{\varphi}_{\alpha,\beta,\gamma}$ 和速率 $^i\dot{S}_{x,y,z}$ 决定的：

$$u_O = \begin{bmatrix} ^iM_{\alpha,\beta,\gamma} & ^iF_{x,y,z} & ^i\varphi_{\alpha,\beta,\gamma} & ^iS_{x,y,z} & ^i\dot{\varphi}_{\alpha,\beta,\gamma} & ^i\dot{S}_{x,y,z} \end{bmatrix}^T \quad (3.2)$$

本动力学模型利用 SIMPACK 建立，包含某风电机组绝大多数的部件。所有刚性体部件的几何外形均由 Pro/E 输出，柔性体部件均由 ANSYS 生成。

1. 坐标系定义

某风电机组传动系统动力学建模坐标系如图 3.5 所示,全局坐标原点为齿轮箱行星架上端面中心,X 方向沿主轴轴线由叶轮指向发电机。

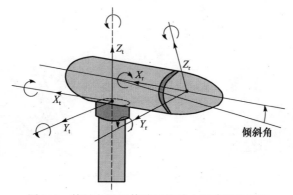

图 3.5　某风电机组传动系统动力学建模坐标系

2. 关键坐标与尺寸

表 3.1 为某风电机组建模的关键坐标和尺寸,全局坐标中心为行星架上风向端面中心。

表 3.1　某风电机组关键坐标与尺寸

序号	名称	数值	备注
1	风机仰角	5°	
2	叶片前倾角	4.5°	
3	主轴承中心坐标	(−2212mm,0,0)	相对全局坐标中心
4	轮毂中心坐标	(−4654.5mm,0,0)	相对全局坐标中心
5	发电机中心坐标	(4584mm,630mm,298mm)	相对全局坐标中心

3. 动力学模型拓扑结构图

风电机组传动系统分析的主要目的是研究传动系统的动态性能,因此本次进行动力学分析的模型不包含塔筒,主机架也以刚体来处理。

图 3.6 为整机传动系统拓扑图。在模型中,X 轴平行于主轴,Y 轴在水平方向,Z 轴垂直向上。其中,因风电机组有 5°的仰角,故 Z 轴与广义的重力加速度方向有 5°的偏角。图中,"6dof"代表具有 6 个自由度的铰接;"FE"代表力元,其后的编号如"5"、"13"、"41"、"43"、"50"、"93"等代表力元的类型;在 SIMPACK 系统中,"α"代表绕 X 轴的转动、"β"代表绕 Y 轴的转动、"γ"代表绕 Z 轴的转动。

图 3.7 为齿轮箱拓扑图。齿轮箱中的花键以力元 FE242 来表示,弹簧力元

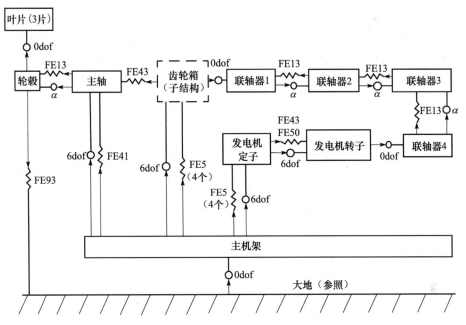

图 3.6　整机传动系统拓扑图

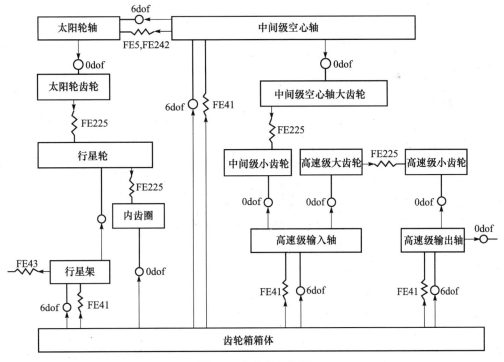

图 3.7　齿轮箱拓扑图

FE5 对花键有轴向限位的作用,在轴向(Z 向)给定一个 ± 0.5mm 的间隙。齿轮箱内的一些部件如行星架、各级轴等均作为柔性体处理。轴承使用弹簧-阻尼力元来代替,其刚度均由零部件供应厂商提供,轴承计算工况选取的是轴承受载最大时的极限工况,刚度矩阵取极限工况下的全矩阵值。

4. 主要部件质量和转动惯量

表 3.2 为传动系统中的主要部件及其质量和转动惯量信息。其中,转动惯量均是关于旋转轴的转动惯量。

表 3.2　传动系统中的主要部件及其质量和转动惯量

部件	质量/kg	转动惯量 $I_{xx}, I_{yy}, I_{zz}/(\text{kg} \cdot \text{m}^2)$
叶片	11650.0	5960994.0(相对轮毂中心)
轮毂	25915.0	40098.0,42358.0,42365.0
主轴	10617.0	1366.0,23758.0,23758.0
一级行星架	3000.0	481.8,182.9,182.9
行星轮	598.0	37.3,26.3,26.3
一级太阳轮轴	532.0	8.0,114.0,1142.0
二级空心轴	444.0	18.0,27.3,27.3
二级大齿轮	1384.0	248.0,134.2,134.2
三级输入轴	287.0	2.2,14.9,14.9
三级大齿轮	339.0	27.0,14.3,14.2
三级输出轴	167.3	0.6,15.0,15.0
联轴器	408.0	27.0
发电机转子	2992.0	220.0,700.0,700.0
发电机箱体(含定子)	5450.0	14940.0,2695.0,14630.0
齿轮箱箱体	8028.7	5436.0,4426.0,5418.0(相对于重心)

模型中主机架与大地坐标系固接,因此在模型中不考虑主机架的质量和转动惯量。齿轮箱中行星齿轮的销轴与行星架处理为一体,因此其质量和转动惯量并入行星架的质量和转动惯量中。在表 3.2 中,一级行星架的质量和转动惯量包含三个行星齿轮销轴的质量和转动惯量。在动力学模型中,行星架被处理为柔性体,其质量和本书计算的行星架和销轴的质量稍有出入,是在有限元生成柔性体时由模型简化引起的。但是这种质量上的偏差很小,不会对计算结果造成显著影响。

第一级内齿圈与齿轮箱箱体处理为一体,因此其质量和转动惯量并入齿轮箱箱体的质量和转动惯量中。在表 3.2 中,齿轮箱箱体的质量包括扭力臂、前箱体、后箱体和第一级内齿圈。主轴和齿轮箱内的各个轴都被处理成柔性体,其柔性体文件由 ANSYS 生成。由于有限元处理时存在适当简化,这些部件的质量和图纸上的质量稍有差别。但是,这种偏差很小,不会对计算结果产生显著影响。

叶片由 SIMPACK 自带的叶片生成模块生成。由于柔性体叶片在生成时存在适当的简化,其质量和图纸上的质量稍有差别。但是,这种偏差很小,也不会对计算结果产生显著影响。

5. 主要部件建模

1) 叶片

叶片的相关计算采用的是悬臂梁理论,如图 3.8 所示。

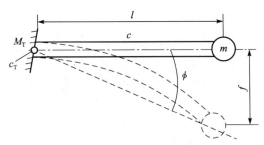

图 3.8　叶片分段的悬臂梁结构示意图

图 3.8 中梁的挠度计算公式为

$$f = \frac{Fl^3}{3EI} \tag{3.3}$$

又有 $f = \frac{F}{c}$,其中 c 为梁的刚度,对于叶片中任一段梁,有

$$c = \frac{F}{f} = \frac{3EI(^i r)}{{}^i l^3} \tag{3.4}$$

相应的梁的旋转角刚度为

$$c_T = \frac{M}{\phi} = \frac{Fl}{\phi} \tag{3.5}$$

因为 $f \ll l$,有 $\phi \approx \arctan\phi = \frac{f}{l}$,代入式(3.5)有

$$c_T \approx cl^2 \tag{3.6}$$

把式(3.4)代入式(3.6)可得叶片在挥舞和摆振方向上的扭转刚度分别为

$$^i c_T^{\text{flapwise}} \approx \frac{3^i EI^{\text{flapwise}}(^i r)}{{}^i l} \tag{3.7}$$

$$^i c_T^{\text{edgewise}} \approx \frac{3^i EI^{\text{edgewise}}(^i r)}{{}^i l} \tag{3.8}$$

某风电机组的叶片模型由 SIMPACK 自带的叶片模块生成。在动力学模型中,叶片是柔性体。单个叶片的质量是 11650kg,绕叶片转动轴的转动惯量是 11650kg · m²,相对于轮毂中心的转动惯量为 5960994kg · m²。其一阶挥舞和摆

振频率分别为 0.582Hz 和 0.965Hz,二阶挥舞和摆振频率分别为 1.574Hz 和 2.975Hz。

2) 轮毂

轮毂在 SIMPACK 中被处理为刚体,其扭转刚度由有限元计算得到。

轮毂材料是球墨铸铁,其密度为 $7100 \mathrm{kg/m^3}$、弹性模量为 $1.69 \times 10^5 \mathrm{MPa}$、泊松比为 0.275。在有限元中计算轮毂扭转刚度时,在与主轴连接的面上节点上施加固定约束,将三个与叶片连接的面上节点与轮毂中心的主节点绑定,在主节点上施加单位扭矩。轮毂有限元模型如图 3.9 所示。

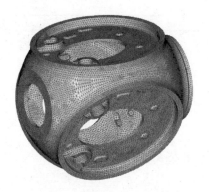

图 3.9　轮毂有限元模型

如图 3.10 所示,轮毂中心的扭转变形角为 $0.207 \times 10^{-10} \mathrm{rad}$。因此,其扭转度为 $4.831 \times 10^{10} \mathrm{N \cdot m/rad}$。

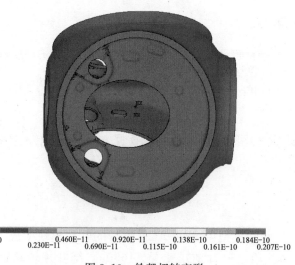

| 0 | 0.460E-11 | 0.920E-11 | 0.138E-10 | 0.184E-10 |
| 0.230E-11 | 0.690E-11 | 0.115E-10 | 0.161E-10 | 0.207E-10 |

图 3.10　轮毂扭转变形

3）主轴

主轴的材料是钢，其密度为 7860kg/m^3、弹性模量为 $2.06×10^5\text{MPa}$、泊松比为 0.3。主轴在模型中被处理为柔性体，其柔性体模型由 ANSYS 生成。在模型中，主轴的铰接点位于主轴承位置，其为具有 6 个自由度的铰接。在主轴承的位置使用力元 FE41 来模拟轴承。轴承的刚度由供应商提供，阻尼取刚度的千分之一。主轴有限元模型如图 3.11 所示。

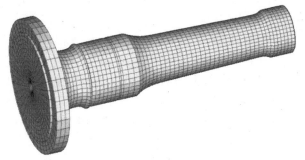

图 3.11　主轴有限元模型

4）齿轮箱

SIMPACK 中对于齿轮的模拟主要是通过齿轮对啮合的方式进行的。定义单个齿轮的详细参数为齿轮啮合分析时提供需要的参数。单个齿轮模型通过 3D 模型库中的 GearWheel 齿轮模块建立。本节齿轮建模需要用到的参数有：齿轮箱传动比为 91，此齿轮箱由一级行星级和两级平行级组成。在动力学模型中，箱体按刚体处理。齿轮箱中齿轮的参数见表 3.3。

表 3.3　齿轮参数

速度级		第一级			第二级		第三级	
部件		太阳轮	行星轮	内齿圈	小齿轮	大齿轮	小齿轮	大齿轮
模数/mm		15.5			12.5		7	
齿数		21	39	99	21	86	27	105
压力角/(°)		22.5			22.5		20	
螺旋角/(°)		7.5(左)	7.5(右)	7.5(右)	10(右)	10(左)	14(右)	14(左)
变位系数		0.2	0.0634	−0.3268	0.3	−0.144	0.2611	−0.423
齿宽/mm		400	390	400	330	320	190	180
齿顶圆直径/mm		365.319	642.491	1534.07	301.519	1115.451	212.841	765.979
齿根圆直径/mm		291.109	568.281	1601.27	239.049	1052.981	178.841	731.979
齿侧间隙 /mm	MIN	0.501	0.501	0.501	0.472	0.472	0.32	0.32
	MAX	0.656	0.656/ 0.710	0.710	0.621	0.621	0.465	0.465
质量/kg		0	598.116	0	0	1384.82	0	339.395
转动惯量/(kg·m²)		0	37.313	0	0	250.77	0	27.001

　　在齿轮箱建模过程中,第一级的太阳轮和太阳轮轴、第二级的小齿轮和第三级的高速输入轴、第三级的小齿轮和第三级的高速输出轴是一体的,但是在动力学模型中将其处理为两个部件。轴是柔性体,其质量和转动惯量包含齿轮的质量和转动惯量。因此,在模型中,太阳轮、第二级的小齿轮、第三级的小齿轮的质量和转动惯量给定一个很小的值:10^{-5}。此外,第一级的内齿圈的质量属性计入齿轮箱箱体之中,第一级的内齿圈的质量和转动惯量在模型中也赋予一个很小的值:10^{-5}。

　　SIMPACK中建立齿轮模型后,需要定义两个齿轮的啮合关系。SIMPACK通过计算齿轮啮合时产生的力和力矩考虑齿轮的接触状态,并通过力元的形式实现。齿轮转动时,两个齿轮的轴距以及轴向的相对位置都可能动态变化。齿轮中传递的力和转矩通过在各啮合齿之间施加相互作用力的方式计算,力的大小取决于齿廓的渗透量以及齿面接触线上的刚度大小。齿轮的刚度在齿轮啮合过程中是非线性变化的,其大小也取决于齿轮面上的啮合点位置及齿轮的接触宽度。同时,SIMPACK的齿轮啮合力元FE225(Gear Pair)还考虑了两啮合齿轮材料的差异、材料的法向阻尼、齿轮啮合的摩擦力及负的齿侧间隙。

　　轴承是标准件,对于一般的设计,只需要根据相应的计算结果选择轴承型号即可。轴承不是风电机组齿轮箱分析中的主要研究对象,但是轴承的各动力学性能直接影响齿轮的啮合状态。齿轮箱的很多故障是由轴承非正常工作引起的,因此轴承的合理选用直接决定了齿轮箱的寿命和质量。所以,要分析齿轮箱的传动特性以及评价传动系统的整体性能,必须准确地建立轴承模型。本节为了考虑轴承对齿轮箱齿轮轴位移以及传动性能的影响,在轴承建模中分别定义了轴承各方向的刚度和阻尼。由于轴承是标准件,可以在专业的齿轮与轴承分析软件中分析,计算轴承的各向刚度和阻尼。

　　第一级行星架的材料是铸钢,其密度为7800kg/m³、弹性模量为2.1×10^5MPa、泊松比为0.3。第一级行星架在动力学模型中作为柔性体来考虑,其铰接点位于行星架的前轴承位置,为具有6个自由度的铰接。因此,在每个轴承的位置施加相应的弹簧阻尼力元FE41。轴承的刚度由供应商提供,阻尼取刚度的千分之一。第一级行星架的有限元模型如图3.12所示。

　　齿轮箱中所有的轴都按柔性体来处理,均由ANSYS生成柔性体文件,其有限元模型如图3.13(a)~(d)所示。

　　将各子模型组装到一起后,整个齿轮箱动力学模型如图3.14所示。

　　5)联轴器和刹车盘

　　在某风电机组中,位于齿轮箱高速输出轴和发电机转子之间的联轴器与刹车盘是一体的。联轴器阻尼系数为0.031831,如图3.15所示。在动力学模型中,使用了四个体(coupling1、coupling2、coupling3、coupling4)和四个弹簧来模拟联轴器,在coupling1和coupling2、coupling2和coupling3、coupling3和coupling4之间

图 3.12   第一级行星架有限元模型

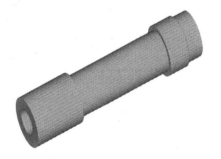

（a）第一级太阳轮轴有限元模型

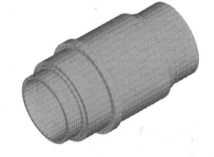

（b）第二级空心轴有限元模型

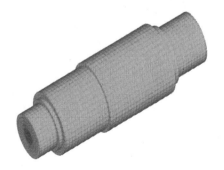

（c）第三级输入轴有限元模型

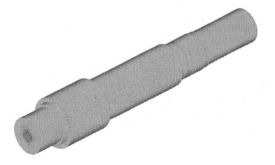

（d）第三级输出轴有限元模型

图 3.13   齿轮箱中各轴的有限元模型

图 3.14 齿轮箱模型

的旋转方向上施加一扭转弹簧(FE13),对应的参数如表 3.4 所示。

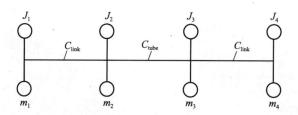

图 3.15 联轴器结构示意图

表 3.4 联轴器结构参数

参数	大小	单位
J_1	24.1	kg · m^2
J_2	1.0	kg · m^2
J_3	1.7	kg · m^2
J_4	1.3	kg · m^2
C_{link}	$4.2×10^7$	N · m/rad
C_{tube}	$1.4×10^7$	N · m/rad
m_1	239.1	kg
m_2	28.2	kg
m_3	72.9	kg
m_4	68.4	kg

6)发电机

发电机在动力学模型中用两个体来模拟,即发电机转子和发电机箱体,两者均按刚体来处理。其中,发电机箱体包含发电机定子。发电机转子的质量为 2992kg,转动

惯量为 $220kg \cdot m^2$;发电机箱体的质量为 5450kg,其转动惯量为 $14630kg \cdot m^2$。

7) 弹性支撑

在风电机组中,齿轮箱和发电机部分都有弹性支撑。因为弹性支撑对于传动系统的动态分析影响较大,所以在动力学模型中必须考虑弹性支撑的影响。

在模型中,发电机和齿轮箱处的弹性支撑均被处理成弹簧阻尼力元 FE5。弹性支撑的阻尼计算过程如第 2 章所述(刚度和阻尼系数均由供应商提供),表 3.5 为齿轮箱与发电机的弹性支撑参数。

表 3.5　齿轮箱与发电机的弹性支撑参数

部件	齿轮箱	发电机
回转半径	1350mm	550mm
刚度	(8,230,220)kN/mm	(12,12,10)kN/mm
阻尼系数	0.07	0.07

根据上述参数,某风电机组在 SIMPACK 中所建立的传动系统模型及其局部放大图如图 3.16 和图 3.17 所示。

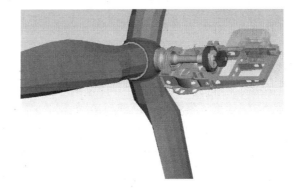

图 3.16　传动系统模型　　　　　　　图 3.17　传动系统模型(局部放大)

6. 动力学计算模型中的扭矩

传动系统中加了两个扭矩:一个是轮毂中心的驱动扭矩,另一个是发电机部分的反馈扭矩。

叶轮输入向量和输出向量分别为

$$u_{\mathrm{I}} = \begin{bmatrix} v_1 \\ \theta \\ \omega \end{bmatrix}^{\mathrm{T}}, \quad u_{\mathrm{O}} = \begin{bmatrix} M_x \\ F_x \end{bmatrix}^{\mathrm{T}}$$

式中,风速 $v_1 = u/\lambda = \omega R/\lambda$;$\omega$ 为叶轮转速,rad/s;转动力矩 $M_x = \rho/2 \cdot \pi \cdot R^2 \cdot v_1^3/\omega \cdot c_{\mathrm{p}}(\theta, \lambda)$,$\rho$ 为空气密度,R 为叶轮半径,$c_{\mathrm{p}}(\theta, \lambda)$ 为功率系数;驱动力 $F_x = \rho/2 \cdot \pi \cdot R^2 \cdot v_1^2 \cdot c_{\mathrm{s}}(\theta, \lambda)$,$c_{\mathrm{s}}(\theta, \lambda)$ 为推力系数。

来自叶片的空气动力产生的扭矩被简化为施加于轮毂中心的一个扭矩。在实际工作环境下,这个扭矩会随着风速和变桨角的变化而变化。在频域仿真分析时,这个扭矩用一时间激励(FE93:Torque by $u(t)$ Cmp)来实现。

在不同的仿真分析中,在轮毂中心施加的扭矩类型也不同。一种是频域分析所需的动平衡计算,另一种是时域扫频分析。在动平衡计算时,轮毂中心的扭矩值恒定,计算到一动平衡位置,并在此动平衡位置进行模态分析。

在时域扫频分析中,模型的速度将会扫过切入与切出的整个速度区间。因此,轮毂中心的扭矩将是一个固定值和一个变化值的和,如式(3.9)所示:

$$T_{\mathrm{hub}} = T_{\mathrm{acc}} + T_{\mathrm{imb}} \tag{3.9}$$

式中,T_{acc} 是恒定扭矩,T_{imb} 是由空气动力引起的不平衡扭矩。

当叶片转动时,每个叶片上的气动力持续变化,因此轮毂中心的扭矩也会随着轮毂的转动角而发生变化。图 3.18 是额定转速下轮毂中心的激励扭矩,其中扭矩的波动主要由风剪切和塔影效应引起。为了在仿真中考虑这种情况,在时域扫频分析时引入了一个不平衡扭矩(图 3.19),即将图 3.18 的周期与角度进行置换处理。因此,图 3.18 的扭矩变化范围与图 3.19 保持一致。

在发电机转子和发电机箱体之间施加一力元 FE50(Torque Expression)模拟反馈扭矩。当发电机工作时,反馈扭矩的大小随发电机转子转速的变化而变化,计算得到不同速度下发电机的反馈扭矩,如图 3.20 所示。

由于变桨系统的存在,当速度高于额定转速时,反馈扭矩并不会变化,仍然与额定工况下的反馈扭矩一致。因此,在动平衡计算时,对于切出工况,给反馈扭矩一个比较大的假定值,使风电机组能够在切出转速下运行。

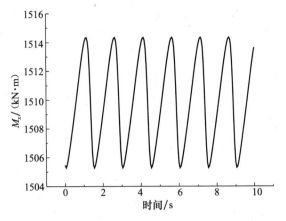

图 3.18 轮毂中心扭矩(来自于 GH Bladed)

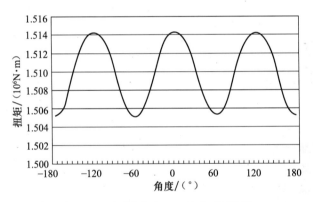

图 3.19 不平衡扭矩(SIMPACK 模型)

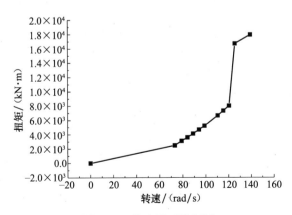

图 3.20 发电机反馈扭矩

3.2.2 频域分析

1. 激励频率

叶轮的工作转速范围是 7.8~14.7r/min,额定转速为 14.3r/min,相应的激励频率如表 3.6 所示。

表 3.6 叶轮工作范围内的激励频率

工况	切入	额定	切出
叶轮转速/(r/min)	7.8	14.3	14.7
激励频率/Hz			
blade_1p	0.1	0.2	0.3
blade_2p	0.3	0.4	0.5
blade_3p	0.4	0.7	0.7
blade_6p	0.8	1.3	1.5
shaft1_1p	0.7	1.3	1.4
shaft1_2p	1.5	2.5	2.8
shaft1_3p	2.2	4.8	4.2
shaft2_1p	4.0	5.2	5.7
shaft2_2p	6.1	10.4	11.5
shaft2_3p	9.1	15.6	17.2
shaft3_1p	11.8	20.2	22.3
shaft3_2p	24.5	40.4	44.6
shaft3_3p	35.3	60.5	66.9
齿轮啮合频率/Hz			
mesh1_1p	12.8	22.0	24.3
mesh1_2p	25.6	44.9	48.5
mesh1_3p	38.4	65.8	72.8
mesh2_1p	64.6	108.9	120.4
mesh2_2p	127.1	217.9	240.8
mesh2_3p	190.7	326.8	361.2
mesh3_1p	317.8	544.7	602.0
mesh3_2p	635.6	1089.3	1204.0
mesh3_3p	954.4	1634.0	1806.0

最高激励频率是高速输出轴的三阶啮合频率 1806.0Hz,因此在后续的振动分析中,高于 1806.0Hz 的固有频率都将不予考虑。

2. 理论估算

一种简单的计算整个传动系统(从轮毂到发电机)固有频率的方法是把整个传动系统视为几个扭转弹簧。在这种简化模型中,发电机转子与主机架固接,在轮毂中心施加一固定扭矩。为了消除齿轮啮合初始位置的误差,分别在轮毂中心施加 T_1 和 T_2 两个扭矩,对应的轮毂中心的角位移分别是 θ_1 和 θ_2,从轮毂到发电机传动系统的刚度为

$$K_r = \frac{\Delta T}{\Delta \theta} = \frac{T_2 - T_1}{\theta_2 - \theta_1} \tag{3.10}$$

为得到传动系统的第一阶固有频率,必须考虑叶片结构刚度的影响。叶片的一阶摆振频率为 f_{edge},因此单个叶片的等效刚度为

$$K_{bladed} = I_{xx} \cdot (f_{edge} \cdot 2 \cdot \pi)^2 \tag{3.11}$$

整个传动系统的等效刚度为

$$K_{eq} = \left[K_r^{-1} + (3K_{bladed})^{-1} \right]^{-1} \tag{3.12}$$

因此,整个传动系统固有频率的计算公式为

$$f_r = \frac{1}{2\pi} \sqrt{\frac{K_{eq}(I_1 + I_2)}{I_1 I_2}} \tag{3.13}$$

式中, I_1 是整个叶轮(轮毂与叶片)绕旋转轴的转动惯量, I_2 将高速端的发电机转子的转动惯量等效到低速轴端的转动惯量:

$$I_2 = (I_{coupling} + I_{generator}) \cdot i_{gear}^2 \tag{3.14}$$

3. 详细模型固有频率

首先,在轮毂中心加额定状态下的驱动扭矩;然后,在 SIMPACK 中进行频域计算,直到整个传动系统平稳地在额定速度下运行,此时,发电机转子的速度将为额定转速;最后,在此平衡状态下进行模态分析。由于系统主要关心在转动方向上的振动,所以不会在转动方向引起振动的频率都可以不考虑。由于刚化效应的影响,固有频率将会随转动速度的变化而变化。因此,分别在切入和切出、额定工况下计算固有频率,结果见表 3.7。

表 3.7　不同速度下的固有频率(单位:Hz)

序号	切入	额定	切出
f_NO1	1.0	1.0	1.0
f_NO2	1.4	1.4	1.4
f_NO3	2.3	2.3	2.3
f_NO4	2.9	2.9	3.0
f_NO5	4.1	4.1	4.1

续表

序号	切入	额定	切出
f_NO6	4.9	4.9	4.9
f_NO7	5.3	5.3	5.3
f_NO8	6.7	6.7	6.7
f_NO9	9.9	10.0	10.0
f_NO10	12.1	12.1	12.1
f_NO11	15.9	16.0	16.0
f_NO12	20.5	19.4	19.4
f_NO13	24.3	24.4	24.4
f_NO14	32.2	32.2	32.2
f_NO15	38.4	38.4	38.4
f_NO16	50.3	50.3	50.3
f_NO17	54.8	54.8	54.8
f_NO18	64.0	64.1	64.1
f_NO19	68.4	68.5	68.5
f_NO20	89.7	89.7	89.7
f_NO21	164.0	164.7	164.1
f_NO22	252.9	254.7	252.6
f_NO23	505.4	496.7	484.1
f_NO24	698.8	698.9	698.9
f_NO25	779.0	779.0	779.0
f_NO26	827.5	830.3	831.8
f_NO27	1400.6	1374.6	1408.2
f_NO28	1796.6	1801.0	1811.3

表 3.7 的数据显示，各个工况下的大部分频率没有明显变化，但也出现了一些不同。因此，可以使用额定工况下的固有频率表示整个传动系统的动态行为。

4. 频域分析

对表 3.6 和表 3.7 中的数据进行绘图，研究传动系统是否存在潜在共振点。图中的水平线代表固有频率，斜线代表激励频率。因此，水平线和斜线的交点就需要甄别是否为潜在共振点。为了使图中显示的各条线比较清晰，把整个坎贝尔图根据激励频率的大小分成了几幅坎贝尔图来显示。

1) 0~6Hz 坎贝尔图

图 3.21 为 0~6Hz 的坎贝尔图，斜线和水平线之间存在交点。下面就各交点能量分布进行分析。

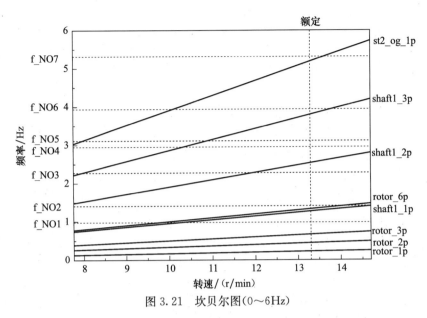

图 3.21 坎贝尔图(0~6Hz)

如图 3.22 所示,f_NO1 的固有频率为 1.0Hz,振动能量主要分布在叶片上。根据图 3.21 所示结果,其与叶片的激励频率 rotor_6p 有交点,如果此点引发共振,那么轮毂上应有能量分布,但此频率下轮毂的能量分布为零,因此该点不会引起叶片的共振。另从图 3.21 可以看出,其与齿轮箱太阳轮轴激励频率 shaft_1p 有交点,两者不在同一速度级,也不可能引发共振。

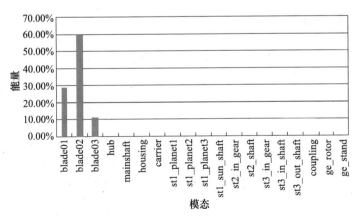

图 3.22 f_NO1 下的模态能量分布图

如图 3.23 所示,f_NO2 的固有频率为 1.4Hz,其振动能量主要分布在发电机转子上。根据图 3.21 所示结果,其在额定转速范围内没有交点。因此,此频率不会引起共振。

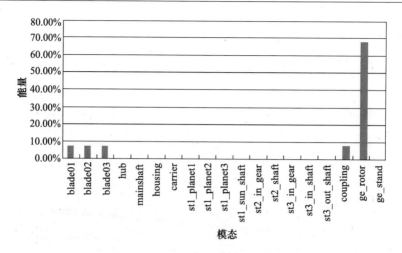

图 3.23　f_NO2 下的模态能量分布

如图 3.24 所示,f_NO3 的固有频率为 2.3Hz,其振动能量主要分布在叶片上。根据图 3.21 所示结果,其与齿轮箱太阳轮轴的激励频率 shaft1_2p 和 shaft1_3p 有交点。因此,此频率不会引起共振。

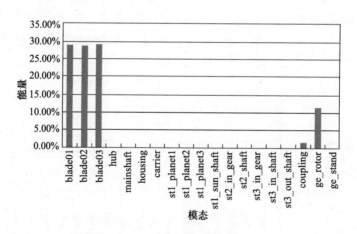

图 3.24　f_NO3 下的模态能量分布

如图 3.25 所示,f_NO4 的固有频率为 2.9Hz,其振动能量主要分布在叶片上。根据图 3.21 所示结果,其与齿轮箱太阳轮轴的激励频率 shaft1_3p 有交点。因此,此频率不会引起共振。

如图 3.26 所示,f_NO5 的固有频率为 4.1Hz,其振动能量主要分布在叶片上。

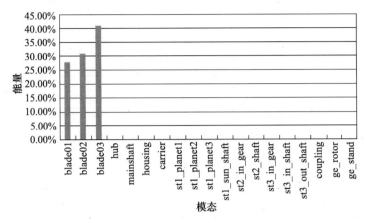

图 3.25　f_NO4 下的模态能量分布

根据图 3.21 所示结果,其与齿轮箱二级小齿轮的转频 st2_og_1p 和齿轮箱中间级输出轴激励频率 shaft1_3p 有交点。因此,此频率不会引起共振。

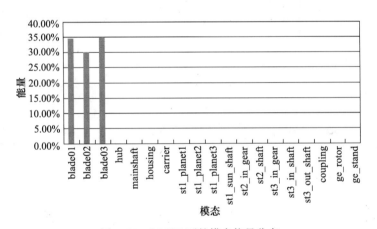

图 3.26　f_NO5 下的模态能量分布

　　如图 3.27 所示,f_NO6 的固有频率为 4.9Hz,其振动能量主要分布在发电机定子上。根据图 3.21 所示结果,其在额定转速范围内与齿轮箱二级小齿轮的转频 st2_og_1p 有交点。因此,此频率不会引起共振。

　　如图 3.28 所示,f_NO7 的固有频率为 5.3Hz,其振动能量主要分布在叶片上。根据图 3.21 所示结果,其在转速范围内没有交点。因此,此频率不会引起共振。

　　2）5～45Hz 坎贝尔图

　　图 3.29 为 5～45Hz 的坎贝尔图,斜线和水平线之间存在交点。下面就各交点能量分布进行分析。

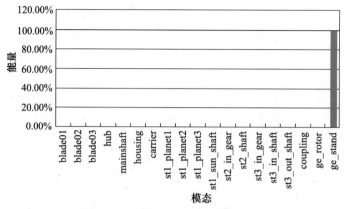

图 3.27　f_NO6 下的模态能量分布

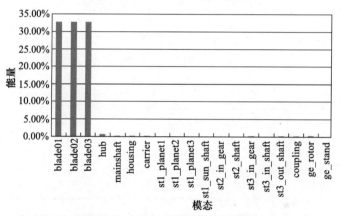

图 3.28　f_NO7 下的模态能量分布

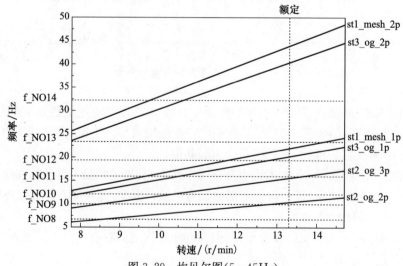

图 3.29　坎贝尔图(5~45Hz)

　　如图 3.30 所示,f_NO8 的固有频率为 6.7Hz,振动能量主要分布在叶片上。根据图 3.29 所示结果,其与齿轮箱二级小齿轮的转频 st2_og_2p 有交点。因此,此频率不会引起共振。

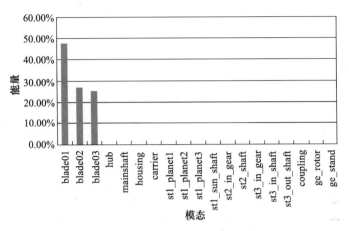

图 3.30　f_NO8 下的模态能量分布

　　如图 3.31 所示,f_NO9 的固有频率为 10.0Hz,振动能量主要分布在叶片上。根据图 3.29 所示结果,其与齿轮箱二级小齿轮的转频 st2_og_2p 和 st2_og_3p 有交点。因此,此频率不会引起共振。

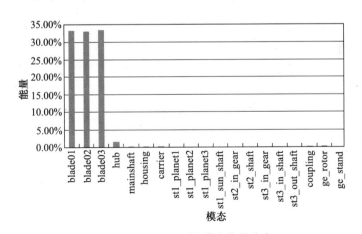

图 3.31　f_NO9 下的模态能量分布

　　如图 3.32 所示,f_NO10 的固有频率为 12.1Hz,振动能量主要分布在叶片上。根据图 3.29 所示结果,其与齿轮箱二级小齿轮的转频 st2_og_3p 和三级小齿轮的转频 st3_og_1p 有交点。因此,此频率不会引起共振。

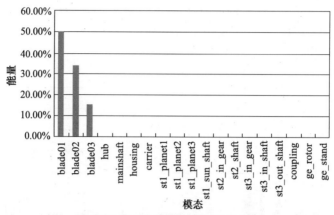

图 3.32　f_NO10 下的模态能量分布

如图 3.33 所示,f_NO11 的固有频率为 16.0Hz,振动能量主要分布在叶片上。根据图 3.29 所示结果,其与齿轮箱一级齿轮的啮合频率 st1_mesh_1p、三级小齿轮的转频 st3_og_1p 有交点。因此,此频率不会引起共振。

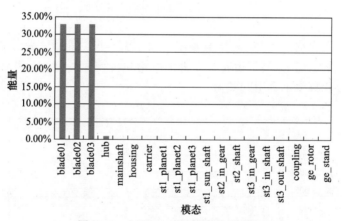

图 3.33　f_NO11 下的模态能量分布

如图 3.34 所示,f_NO12 的固有频率为 19.4Hz,振动能量主要分布在叶片上。根据图 3.29 所示结果,其与齿轮箱一级齿轮的啮合频率 st1_mesh_1p、三级小齿轮的转频 st3_og_1p 有交点。因此,此频率不会引起共振。

如图 3.35 所示,f_NO13 的固有频率为 24.4Hz,振动能量主要分布在叶片上。根据图 3.29 所示结果,其在额定转速工作范围内没有交点。因此,此频率不会引起共振。

如图 3.36 所示,f_NO14 的固有频率为 32.2Hz,振动能量主要分布在叶片上。根据图 3.29 所示结果,其与齿轮箱三级小齿轮的转频 st3_og_2p、一级齿轮的啮合频率 st1_mesh_2p 有交点。因此,此频率不会引起共振。

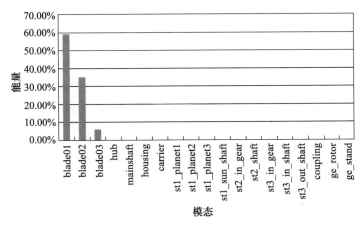

图 3.34　f_NO12 下的模态能量分布

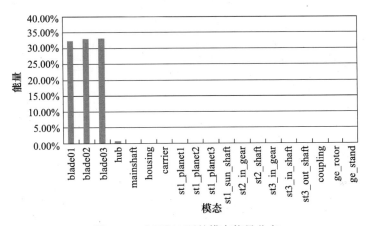

图 3.35　f_NO13 下的模态能量分布

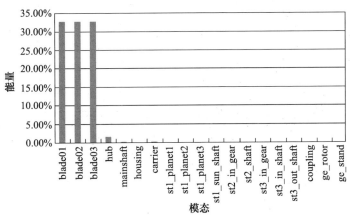

图 3.36　f_NO14 下的模态能量分布

3) 20～240Hz 坎贝尔图

图 3.37 为 20～240Hz 的坎贝尔图,斜线和水平线之间存在交点。下面就各交点能量分布进行分析。

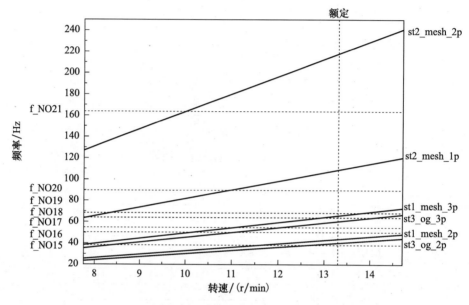

图 3.37　坎贝尔图(20～240Hz)

如图 3.38 所示,f_NO15 的固有频率为 38.4Hz,振动能量主要分布在叶片上。根据图 3.37 所示结果,其与齿轮箱三级小齿轮的转频 st3_og_2p、st3_og_3p 及一级齿轮啮频 st1_mesh_2p、st1_mesh_3p 有交点。因此,此频率不会引起共振。

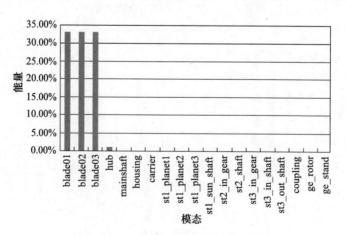

图 3.38　f_NO15 下的模态能量分布

如图 3.39 所示,f_NO16 的固有频率为 50.3Hz,振动能量主要分布在叶片上。根据图 3.37 所示结果,其与齿轮箱三级小齿轮的转频 st3_og_3p 及一级齿轮啮频 st1_mesh_3p 有交点。因此,此频率不会引起共振。

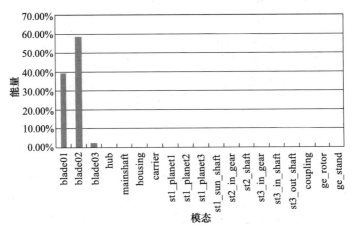

图 3.39　f_NO16 下的模态能量分布

如图 3.40 所示,f_NO17 的固有频率为 54.8Hz,振动能量主要分布在叶片上。根据图 3.37 所示结果,其与齿轮箱三级小齿轮的转频 st3_og_3p 及一级齿轮啮频 st1_mesh_3p 有交点。因此,此频率不会引起共振。

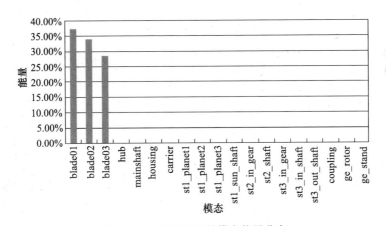

图 3.40　f_NO17 下的模态能量分布

如图 3.41 所示,f_NO18 的固有频率为 64.1Hz,振动能量主要分布在叶片上。根据图 3.37 所示结果,其与齿轮箱三级小齿轮的转频 st3_og_3p 及一级齿轮啮频 st1_mesh_3p、二级齿轮啮频 st2_mesh_1p 有交点。因此,此频率不会引起共振。

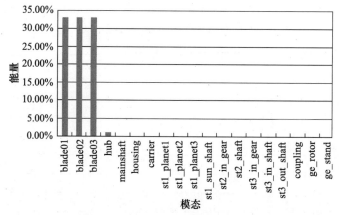

图 3.41　f_NO18 下的模态能量分布

如图 3.42 所示,f_NO19 的固有频率为 68.5Hz,振动能量主要分布在叶片上。根据图 3.37 所示结果,其与齿轮箱一级齿轮的啮频 st1_mesh_3p 及二级齿轮啮频 st2_mesh_1p 有交点。因此,此频率不会引起共振。

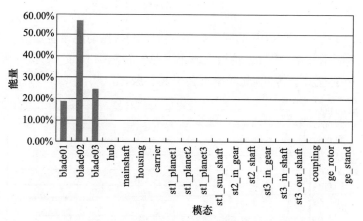

图 3.42　f_NO19 下的模态能量分布

如图 3.43 所示,f_NO20 的固有频率为 89.7Hz,振动能量主要分布在叶片上。根据图 3.37 所示结果,其与齿轮箱第二级齿轮啮合频率 st2_mesh_1p 有交点。因此,此频率不会引起共振。

如图 3.44 所示,f_NO21 的固有频率为 164.7Hz,振动能量主要分布在联轴器上。根据图 3.37 所示结果,其与齿轮箱第二级齿轮啮合频率 st2_mesh_2p 有交点。因此,此频率不会引起共振。

4)180～1850Hz 坎贝尔图

图 3.45 为 180～1850Hz 的坎贝尔图,斜线和水平线之间存在交点。下面就各交点能量分布进行分析。

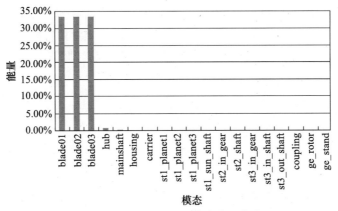

图 3.43　f_NO20 下的模态能量分布

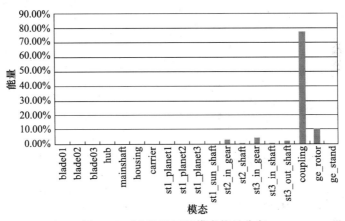

图 3.44　f_NO21 下的模态能量分布

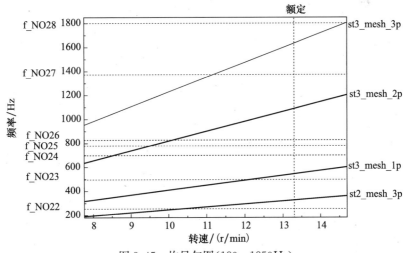

图 3.45　坎贝尔图(180～1850Hz)

如图 3.46 所示,f_NO22 的固有频率为 254.7Hz,振动能量主要分布在行星架上,此外在叶片上分布也比较多。根据图 3.45 所示结果,其与齿轮箱第二级齿轮啮合频率 st2_mesh_3p 有交点。因此,此频率不会引起共振。

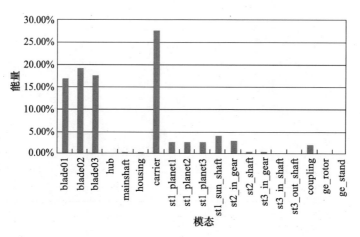

图 3.46　f_NO22 下的模态能量分布

如图 3.47 所示,f_NO23 的固有频率为 496.7Hz,振动能量主要分布在第二级大齿轮和第三级大齿轮上。根据图 3.45 所示结果,其与齿轮箱第三级齿轮啮合频率 st3_mesh_1p 有交点。因此,此频率可能引起第三级齿轮的共振,需要重点关注。

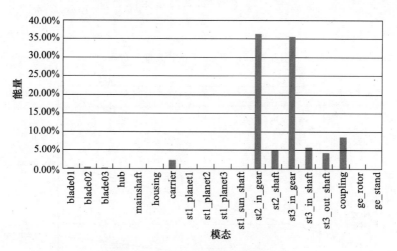

图 3.47　f_NO23 下的模态能量分布

如图 3.48 所示,f_NO24 的固有频率为 698.9Hz,振动能量主要分布在第二级大齿轮和第三级大齿轮上。根据图 3.45 所示结果,其与齿轮箱第三级齿轮啮合频率 st3_mesh_2p 有交点。因此,此频率可能引起三级齿轮共振,需要重点关注。

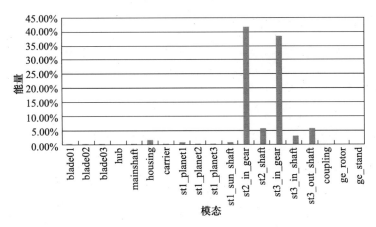

图 3.48　f_NO24 下的模态能量分布

如图 3.49 所示,f_NO25 的固有频率为 779.0Hz,振动能量主要分布在联轴器上。根据图 3.45 所示结果,其与齿轮箱第三级齿轮啮合频率 st3_mesh_2p 有交点。因此,此频率可能引起联轴器共振,需要重点关注。

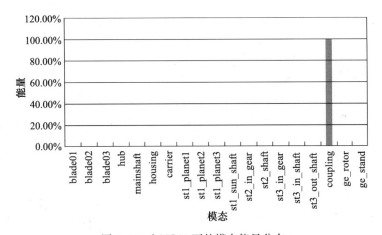

图 3.49　f_NO25 下的模态能量分布

如图 3.50 所示,f_NO26 的固有频率为 827.5Hz,振动能量主要分布在第二级大齿轮和第三级输出轴上。根据图 3.45 所示结果,其与齿轮箱第三级齿轮啮合频率 st3_mesh_2p 有交点。因此,此频率可能引起第三级高速输出轴共振,需要重点关注。

如图 3.51 所示,f_NO27 的固有频率为 1374.6Hz,振动能量主要分布在行星轮上。根据图 3.45 所示结果,其与齿轮箱第三级齿轮啮合频率 st3_mesh_3p 有交点。因此,此频率不会引起共振。

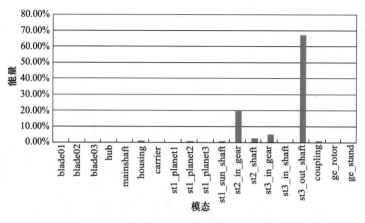

图 3.50　f_NO26 下的模态能量分布

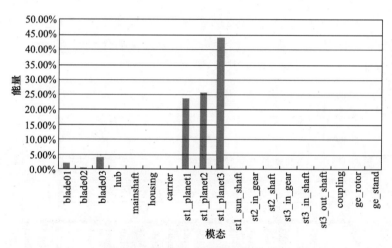

图 3.51　f_NO27 下的模态能量分布

如图 3.52 所示,f_NO28 的固有频率为 1801.0Hz,振动能量主要分布在太阳轮轴上。根据图 3.45 所示结果,其与齿轮箱第三级齿轮啮合频率 st3_mesh_3p 有交点。因此,此频率不会引起共振。

由以上的频域分析得到的潜在共振点共 4 个,综合信息如表 3.8 所示。

表 3.8　潜在共振点

序号	频率/Hz	激励源	倍频	振动部件
f_NO23	496.7	三级齿轮啮合	1	第三级大齿轮
f_NO24	698.9	三级齿轮啮合	2	第三级大齿轮
f_NO25	779.0	三级齿轮啮合	2	联轴器
f_NO26	827.5	三级齿轮啮合	2	第三级高速输出轴

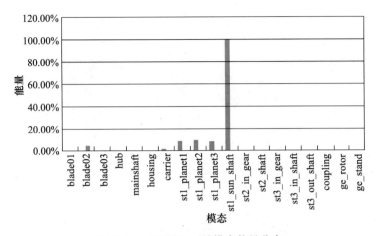

图 3.52　f_NO28 下的模态能量分布

3.2.3　时域分析

为甄别前文振动分析中找出的危险频率是否为真正能够引起共振的频率,本节在时域范围内对某风电机组进行详细研究。时域分析主要是使风电机组的转动速度扫过整个速度区间。在时域分析过程中,施加在轮毂中心的扭矩为

$$T_{hub} = T_{acc} + T_{imb} \tag{3.15}$$

在本次时域分析中 T_{acc} 设置为 121.3kN/m;时域分析的采样频率为 3610Hz;分析时间从切入工况对应的 0s 到切出工况对应的 130s,共 130s。

1. 第一个速度级分析结果

图 3.53～图 3.55 分别是第一速度级中轮毂的转速、转动加速度及其转动加速度的三维坎贝尔图。

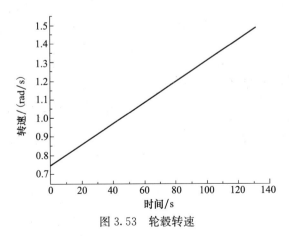

图 3.53　轮毂转速

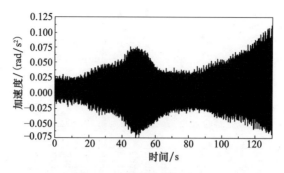

图 3.54　轮毂转动加速度

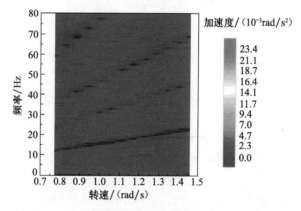

图 3.55　轮毂转动加速度的三维坎贝尔图

　　与轮毂同处于第一个速度级的部件还包括叶片、主轴和齿轮箱的第一级行星架。由前面的计算可知,此速度级内最高激励频率为 72.8Hz(st1_mesh_3p)。因此,图 3.55 中频率范围为 0~73Hz 的速度级内没有危险频率。

　　2. 第二个速度级分析结果

　　图 3.56~图 3.58 分别是第二个速度级中太阳轮轴转速、转动加速度及其转动加速度的三维坎贝尔图。

　　与太阳轮轴同处于第二个速度级的部件还包括第二级空心轴和第二级大齿轮。由前面的分析计算可知,此速度级内最高激励频率为 361.2Hz(st2_mesh_3p)。因此,频率范围为 0~362Hz 的速度级内没有危险频率。

　　3. 第三个速度级分析结果

　　图 3.59~图 3.61 分别是第三个速度级中高速输入轴转速、转动加速度及其转动加速度的三维坎贝尔图。

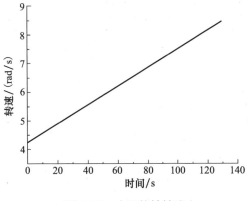

图 3.56 太阳轮轴转速

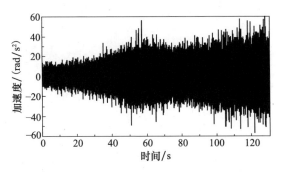

图 3.57 太阳轮轴转动加速度

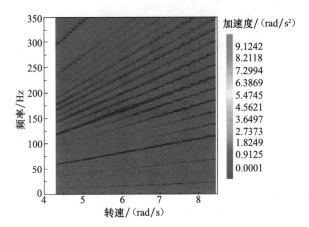

图 3.58 太阳轮轴转动加速度的三维坎贝尔图

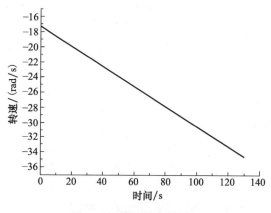

图 3.59　高速输入轴转速

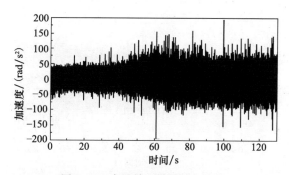

图 3.60　高速输入轴转动加速度

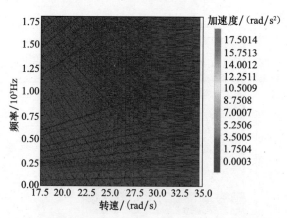

图 3.61　高速输入轴转动加速度的三维坎贝尔图

　　与第三级输入轴处于第三个速度级的部件还包括第三级大齿轮。从表 3.6 可知,第三个速度级的最高频率为三级啮合频率,即 mesh3_3p(1806Hz)。因此,三维坎贝尔图的频率范围为 0～1810Hz。

　　在这个速度级内第一个危险频率，固有频率 f_NO23＝496.7Hz，与齿轮箱第三级齿轮啮合频率(st3_mesh_1p)相交，能量主要集中在第三级大齿轮上。此时，相应的轮毂的转动速度为 12.1r/min，仿真时间为 92.5s。图 3.62 为第三级大齿轮在 87.5～97.5s 时域区间内转动加速度的二维 FFT，角加速度频域曲线在 496.7Hz 处不是处于峰值，其振动幅度达 1.0rad/s²，故此潜在共振点不会引起共振。

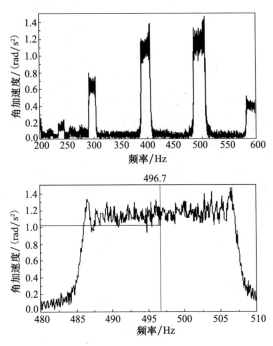

图 3.62　第三级大齿轮转动加速度的二维 FFT
轮毂转速为 12.1r/min，时域区间为 87.5～97.5s

　　在此速度级的第二点，固有频率 f_NO24＝698.9Hz，与齿轮箱第三级齿轮啮合频率(st3_mesh_2p)相交，能量主要集中在第三级大齿轮上。此时，相应的轮毂的转动速度为 8.5r/min。当轮毂的转动速度为 8.5r/min 时，仿真时间为 26.4s。图 3.63 为第三级大齿轮在 21.4～31.4s 时域区间内转动加速度的二维 FFT，在频率 698.9Hz 处对应的振动加速度为 0.1rad/s²，不是处于振动的峰值，因此潜在共振点不会引起共振。

　　4. 第四个速度级分析结果

　　图 3.64～图 3.66 分别是第四个速度级中高速输出轴转速、转动加速度及其转动加速度的三维坎贝尔图。

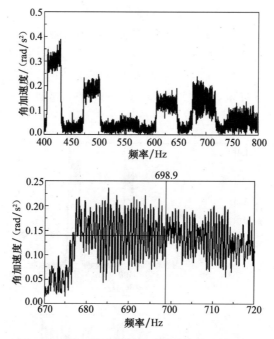

图 3.63　第三级大齿轮转动加速度的二维 FFT
轮毂转速为 8.5r/min,时域区间为 21.4~31.4s

与高速输出轴处于第四个速度级的部件还包括联轴器等。从频域分析可知,第四个速度级的最高激励频率为 1806Hz(st3_mesh_3p)。因此,图 3.66 中频率范围为 0~1810Hz 的速度级内有 2 个危险频率点,分别为:

第一点,固有频率 f_NO25 = 779.0Hz,与齿轮箱第三级齿轮啮合频率(st3_mesh_2p)相交,能量主要集中在联轴器上。此时,相应的轮毂的转动速度为 9.5r/min。

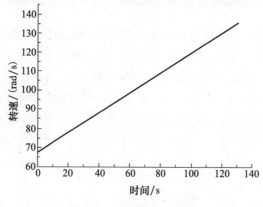

图 3.64　高速输出轴转速

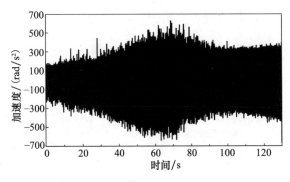

图 3.65　高速输出轴转动加速度

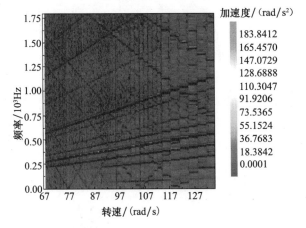

图 3.66　高速输出轴转动加速度的三维坎贝尔图

第二点,固有频率 f_NO26＝827.5Hz,与齿轮箱第三级齿轮啮合频率(st3_mesh_2p)相交,能量主要集中在高速输出轴上。此时,相应的轮毂的转动速度为 10.1r/min。

对联轴器和齿轮箱高速输出轴的转动加速度进行二维 FFT,得到转动加速度的频谱图如图 3.67 和图 3.68 所示,通过频域和时域的综合分析,甄别潜在共振点。

当轮毂的转动速度为 9.5r/min 时,仿真时间为 44.3s。图 3.67 为联轴器在 39.3～49.3s 时域区间内转动加速度的二维 FFT,频率为 779.0Hz 的点没有处于振动峰值,振动幅值为 0.1rad/s²。因此,该潜在共振点不会引起共振。

当轮毂的转动速度为 10.1r/min 时,仿真时间为 55.3s。图 3.68 为高速输出轴在 50.3～60.3s 时域区间内转动加速度的二维 FFT,频率为 827.5Hz 的点其振动幅值为 6.4rad/s²,没有处于振动峰值。因此,该潜在共振点不会引起共振。

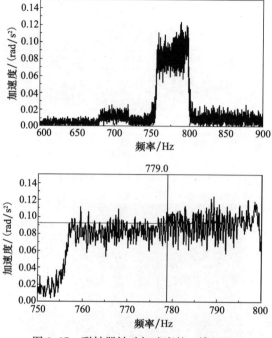

图 3.67　联轴器转动加速度的二维 FFT

轮毂转速为 9.5r/min，时域区间为 39.3～49.3s

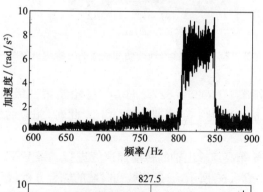

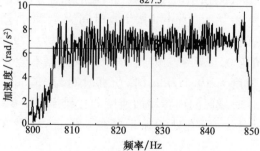

图 3.68　高速输出轴转动加速度的二维 FFT

轮毂转速为 10.1r/min，时域区间为 50.3～60.3s

3.2.4　分析结果

通过对某风电机组传动系统模型进行时域分析，将频域分析中筛选出的四阶潜在危险频率进行了进一步甄别，结果如表 3.9 所示。从表中可以看出，此机型传动系统动力学特性良好，在设计上不存在共振点。

表 3.9　潜在共振点的甄别结果

序号	频率/Hz	叶轮转速/(r/min)	激励源	倍频	振动部件	分析结果
f_NO23	496.7	12.1	三级齿轮啮合	1	第三级大齿轮	不会引起共振
f_NO24	698.9	8.5	三级齿轮啮合	2	第三级大齿轮	不会引起共振
f_NO25	779.0	9.5	三级齿轮啮合	2	联轴器	不会引起共振
f_NO26	827.5	10.1	三级齿轮啮合	2	高速输出轴	不会引起共振

从动力学分析的结果来看，虽然在振动分析的坎贝尔图上发现了几个潜在共振点，但是通过时域分析发现，这些潜在共振点不会引起真正的共振。

在风电机组的载荷分析软件中，几个重要的参数如下：

低速轴刚度为 2.32×10^8 N/m；

高速轴刚度为 7.499×10^8 N/m；

齿轮箱弹性支撑刚度为 220kN/mm；

发电机转子转动惯量为 220kg·m²。

利用风电行业中通用的 GH Bladed 对系统进行分析，得到其坎贝尔图。为了对比 GH Bladed 和 SIMPACK 中所用的参数是否一致，将两个软件中在转动方向上能量分布相似的几阶模态进行对比分析。从 GH Bladed 分析结果中挑选出的几阶模态如表 3.10 所示（叶轮转速 15.1r/min）。

表 3.10　GH Bladed 中的频率结果

频率/Hz	能量分布
1.0	叶轮 98.1%
1.4	发电机 24.1%,叶轮 21.8%
2.9	叶轮 96.7%

从 SIMPACK 分析结果中挑选出几阶与 GH Bladed 中能量分布类似的模态，如表 3.11 所示，并把表 3.10 中的频率值和表 3.11 中的频率值进行对比。

表 3.11　模态结果对比

SIMPACK	GH Bladed	偏差	百分比
0.972	0.9646	0.0074	0.76%
1.405	1.386	0.019	1.35%
2.9468	2.899	0.0478	1.62%

三阶模态的频率结果的误差都在 5% 以内。因此,动力学分析模型中的参数和载荷分析中所用到的参数是一致的。

3.3　基于动力学模型的参数敏感性研究

3.3.1　叶片长度和重量

　　基于 3.1 节建立的风电机组传动系统动力学模型,对轻量化后的玻璃钢叶片(A2)、玻璃钢叶片(B1)、碳纤维叶片(B2)三种机型进行动力学分析。分析工况为额定工况。首先对额定工况进行动平衡仿真,并对此工况下的动平衡状态进行模态分析,得到模态分析的结果,其固有频率如表 3.12 所示。进行后处理分析,找出特征频率,并绘制特征频率的模态能量分布图。最后根据激励频率与特征频率绘制坎贝尔图,筛选出潜在共振点,并进行对比。

表 3.12　不同叶片长度和重量下的风电机组固有频率

序号	频率/Hz		
	B2	B1	A2
f_NO1	1.6	1.5	1.0
f_NO2	3.1	2.8	1.4
f_NO3	3.9	3.9	2.3
f_NO4	7.8	6.9	2.9
f_NO5	14.8	7.1	4.1
f_NO6	23.7	13.2	4.9
f_NO7	35.1	21.5	5.3
f_NO8	48.8	31.3	6.7
f_NO9	63.9	43.4	10.0
f_NO10	85.4	57.2	12.1
f_NO11	89.7	75.5	16.0
f_NO12	102.4	89.6	19.4
f_NO13	158.3	92.3	24.4
f_NO14	163.2	110.7	32.2
f_NO15	231.2	140.6	38.4
f_NO16	253.4	163.1	50.3
f_NO17	492.5	210.6	54.8
f_NO18	514.9	252.6	64.1
f_NO19	698.9	485.6	68.5
f_NO20	777.3	698.9	89.7
f_NO21	779.0	779.0	164.7

续表

序号	频率/Hz		
	B2	B1	A2
f_NO22	1409.3	796.2	254.7
f_NO23	1414.3	1424.0	496.7
f_NO24	1800.4	1434.4	698.9
f_NO25		1814.9	779.0
f_NO26			830.3
f_NO27			1374.6
f_NO28			1801.0

以模型 A2 的潜在共振点作为对比对象,可见模型 B2 增加了 1409.3Hz 的高阶特征频率和 514.9Hz 的第三级大齿轮的特征频率,减少了 698.9Hz 的第三级大齿轮特征频率和 827.5Hz 的高速轴特征频率,整体的共振点频率放大。

同样,将模型 B1 与 A2 进行比对,可见模型 B1 增加了一个 252.6Hz 的低阶特征频率,减少了一个 827.5Hz 的高速轴特征频率,整体的共振点频率降低。

综上可知,在特征频率的数值分布上,碳纤维叶片比玻璃钢叶片偏大,且潜在共振点的激励频率相对较大。在更换叶片后,高速轴的潜在共振点消失,可见叶片模型对高速轴的激励也存在一定的影响。

对三种机型的风电机组频谱进行能量分析后,得到如表 3.13~表 3.15 所示的结果。可以看出,风电机组 B2 的潜在共振激励源都来自三级齿轮啮合频率,对应的振动部件均出现在高速端的第三级大齿轮和联轴器上。而风电机组 B1 的潜在共振激励源除分布在三级齿轮啮合,还出现了二级齿轮啮合频率,且潜在的频率共振点在数值上也有很大的变化。轻量化叶片风电机组 A2 的潜在共振激励源也均出现在三级齿轮啮合频率,振动能量较大的部件与高速输出轴有关,如第三级大齿轮、联轴器和高速输出轴。但是三种机型出现了一个共同的特征频率 779.0Hz,对应激励源为三级齿轮啮合频率的 2 倍频,对应的部件为联轴器,可见此频率与叶片长度、质量等均无关系,需引起足够的重视。

表 3.13 风电机组 B2

序号	频率/Hz	激励源	倍频	潜在振动部件
1	492.5	三级齿轮啮合	1	第三级大齿轮
2	514.9	三级齿轮啮合	1	第三级大齿轮
3	777.3	三级齿轮啮合	2	联轴器
4	1409.3	三级齿轮啮合	3	联轴器

表 3.14　风电机组 B1

序号	频率/Hz	激励源	倍频	潜在振动部件
1	252.6	二级齿轮啮合	3	第二级大齿轮
2	485.6	三级齿轮啮合	1	第三级大齿轮
3	698.9	三级齿轮啮合	2	联轴器
4	779.0	三级齿轮啮合	2	联轴器

表 3.15　风电机组 A1

序号	频率/Hz	激励源	倍频	潜在振动部件
1	496.7	三级齿轮啮合	1	第三级大齿轮
2	698.9	三级齿轮啮合	2	第三级大齿轮
3	779.0	三级齿轮啮合	2	联轴器
4	827.5	三级齿轮啮合	2	高速输出轴

3.3.2　齿轮箱弹性支撑跨距

　　在已经建立的某风电机组传动系统动力学分析模型基础上,研究齿轮箱弹性支撑跨距对整个传动系统的影响,即变化齿轮箱弹性支撑跨距,对额定工况进行动平衡仿真。并对此工况下的动平衡状态进行模态分析,得到模态分析的结果。进行后处理分析,找出特征频率,并绘制特征频率的模态能量分布图。最后根据激励频率与特征频率绘制坎贝尔图,筛选出潜在共振点,最后与修改跨距前的模型进行比较,分析其影响。首先在轮毂中心加的驱动扭矩为 1521.5kN·m,然后在 SIMPACK 中进行时域计算,直到整个传动系统平稳地在额定速度下运行,在此平衡状态下进行模态分析。

　　表 3.16 为几种不同的齿轮箱弹性支撑跨距下的传动系统等效刚度、固有频率、等效弹性支撑质量、弹性支撑阻尼等的对比。由表可知,随着跨距的增加,传动系统等效刚度增大,传动系统的静态固有频率增加,而等效弹性支撑质量和弹性支撑阻尼减少。可见弹性支撑跨距的增加有利于提高系统的刚度和刚性,对避开与叶轮的转速共振是有利的。

表 3.16　几种不同齿轮箱弹性支撑跨距下的对比分析

扭力臂跨距/mm	传动系统等效刚度/(10^8N·m/rad)	固有频率/Hz	等效弹性支撑质量/kg	弹性支撑阻尼
2100	1.457	1.418	16265956.7	4187445.7
2400	1.509	1.443	12453623.1	3664015.0
2700	1.547	1.462	9839899.7	3256902.2
3000	1.575	1.475	7970318.8	2931212.0

　　表 3.17 为几种不同跨距下的风电机组传动系统频域分析结果。可以看出,随着跨距的增加,传动系统的动态固有频率即发电机转子对应的一阶频率分别为 1.374Hz、1.405Hz、1.405Hz、1.415Hz,呈依次增大的趋势,但二阶频率(2.252Hz、2.273Hz、2.273Hz、2.280Hz)的影响相对较小,其他频率的分布大部分基本相似,差异性的存在无明显的规律。

表 3.17　不同弹性支撑跨距下的频率值

序号	频率/Hz			
	跨距为 2100mm	跨距为 2400mm	跨距为 2700mm	跨距为 3000mm
f_NO1	1.374	1.405	1.405	1.415
f_NO2	2.252	2.273	2.273	2.280
f_NO3	3.938	3.938	2.947	3.938
f_NO4	5.304	—	4.111	5.314
f_NO5	—		4.938	8.977
f_NO6	9.963	9.966	5.312	9.968
f_NO7	15.952	15.953	6.707	15.953
f_NO8	23.369	23.372	9.966	23.372
f_NO9	32.207	32.207	12.118	32.207
f_NO10	42.647	42.647	15.953	42.647
f_NO11	54.821	54.821	19.382	54.821
f_NO12	68.481	68.481	24.372	68.481
f_NO13	83.528	83.528	32.207	83.528
f_NO14	89.665	89.663	38.394	89.664
f_NO15	100.326	100.326	50.333	100.326
f_NO16	118.701	118.701	54.821	118.701
f_NO17	138.612	138.612	64.069	138.612
f_NO18	159.901	159.892	68.481	159.888
f_NO19	163.863	163.716	89.663	163.650
f_NO20	184.265	184.265	164.716	184.264
f_NO21	237.813	237.814	—	237.814
f_NO22	253.725	253.691	254.692	253.705
f_NO23	305.157	—	—	—
f_NO24	412.974	—	—	412.969
f_NO25	494.78	496.728	496.727	496.320
f_NO26	510.593	511.474	—	511.712
f_NO27	—	533.158	—	533.131
f_NO28	633.262	633.434	—	633.432
f_NO29	698.854	698.849	698.851	698.851
f_NO30	778.982	778.972	778.983	778.987
f_NO31	—	880.637	—	880.578
f_NO32	—	1349.143	—	—
f_NO33	1376.79	1371.791	—	1371.64
f_NO34	1378.26	1373.623	1374.62	1373.47
f_NO35	1799.46	1801.060	1801.049	1800.85

通过对齿轮箱弹性支撑四种跨距下的能量分布图进行甄别,对特征频率进行进一步的筛选,找出潜在的共振点,详细结果如表 3.18～表 3.21 所示。几种跨距下共有的潜在共振频率在 496.7Hz、698.8Hz 和 779.0Hz 三个频率点附近,说明这三个点与弹性支撑跨距无关,与机型的整体设计有关,其他共振频率点的出现则可能与跨距设计有关。

表 3.18　跨距为 2100mm 的特征频率及分布

序号	频率/Hz	激励源	倍频	振动部件
1	253.7	二级齿轮啮合	3	第二级大齿轮
2	494.8	三级齿轮啮合	1	第三级大齿轮
3	698.9	三级齿轮啮合	2	联轴器
4	779.0	三级齿轮啮合	2	联轴器

表 3.19　跨距为 2400mm 的特征频率及分布

序号	频率/Hz	激励源	倍频	振动部件
1	253.7	二级齿轮啮合	3	第二级大齿轮
2	496.7	三级齿轮啮合	1	第三级大齿轮
3	698.8	三级齿轮啮合	2	联轴器
4	779.0	三级齿轮啮合	2	联轴器
5	880.6	三级齿轮啮合	2	高速轴

表 3.20　跨距为 2700mm 的特征频率及分布

序号	频率/Hz	激励源	倍频	振动部件
1	496.7	三级齿轮啮合	1	第三级大齿轮
2	698.9	三级齿轮啮合	2	第三级大齿轮
3	779.0	三级齿轮啮合	2	联轴器
4	827.5	三级齿轮啮合	2	高速轴

表 3.21　跨距为 3000mm 的特征频率及分布

序号	频率/Hz	激励源	倍频	振动部件
1	253.7	二级齿轮啮合	3	第二级大齿轮
2	496.3	三级齿轮啮合	1	第三级大齿轮
3	698.9	三级齿轮啮合	2	联轴器
4	779.0	三级齿轮啮合	2	联轴器
5	880.6	三级齿轮啮合	2	高速轴

从弹性支撑跨距变化的计算结果可以发现,弹性支撑跨距的增加会使风电机组的传动系统固有频率提高,对避开风电机组传动系统固有频率与叶轮转速的 6 倍频是有利的。此外,弹性支撑跨距的变化会引起风电机组潜在共振点和振动部

件的变化。因此,对于同样的机型,如果改变了跨距参数,必须对风电机组重新进行传动系统动力学分析和评估。

3.3.3　齿轮箱弹性支撑刚度

齿轮箱弹性支撑刚度是风电机组整机设计中一个非常重要的参数,除了其自身的强度和寿命要求,还必须满足整机的动力学要求。本节利用风电机组传动系统动力学分析模型设置不同的弹性支撑刚度,计算出传动系统的等效刚度和固有频率(表 3.22),为弹性支撑刚度选型提供依据。

表 3.22　不同弹性支撑刚度下的对比分析

弹性支撑刚度/(kN/mm)	传动系统等效刚度/(10^8N・m/rad)	固有频率/Hz
400	1.616	1.494
300	1.587	1.48
260	1.57	1.472
240	1.559	1.467
220	1.547	1.462
200	1.533	1.455
180	1.515	1.446
140	1.468	1.424
100	1.39	1.385
40	1.086	1.225

图 3.69 为风电机组主传动系统刚度与弹性支撑刚度的关系,随着弹性支撑刚度的增大,风电机组主传动系统传动刚度增加,但增加到一定程度后增长的幅度减缓,最后趋向于一比较稳定的值,即增加弹性支撑刚度有利于增大风电机组传动刚度,但增大到一定值后变化不再明显。

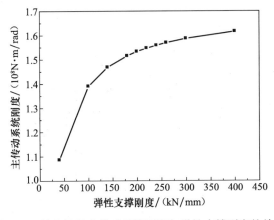

图 3.69　风电机组主传动系统刚度与弹性支撑刚度的关系

　　图3.70为风电机组主传动系统固有频率与弹性支撑刚度的关系,随着弹性支撑刚度的增大,风电机组主传动系统固有频率增加,但增加到一定程度后增长的幅度减缓,最后趋向于一比较稳定的值,即增加弹性支撑刚度有利于增大风电机组主传动系统固有频率,但增大到一定值后变化不再明显。

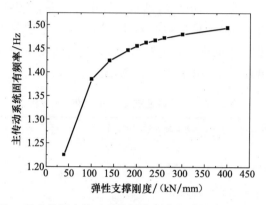

图3.70　风电机组主传动系统固有频率与弹性支撑刚度的关系

第 4 章　风电机组发电机动力学

风能是一种取之不尽、用之不竭的绿色可再生能源。目前,双馈风电机组为并网型风电机组的主力机型,而发电机是影响双馈风电机组性能和可靠性的重要部件。发电机一旦发生故障,维修时需从机舱上吊装下来,有时甚至还需为维修的吊装设备专门修建简易道路,因此其日常检修的难度很大、成本也很高。

国内外对双馈发电机(doubly-fed induction generator,DFIG)的研究主要集中于电网故障条件下有效控制,如低电压穿越、Crowbar 技术、电网故障特别是不对称故障下的不脱网运行控制以及与之相关的新型控制器设计等,以期增强弱电网条件下风电机组的并网运行能力。王宏胜等推导了在电网电压不对称故障下DFIG 的数学模型,提出了四种控制目标,同时基于正序定子电压定向简化得到了转子电流调节器的正、负序电流参考给定量的控制策略。徐海亮等设计了比例-积分-双频谐振(PI-DFR)电流控制器,其可在无需转子电流相序分解的前提下实现对基波正、负序及谐波分量的有效、快速调节。胡家兵等提出了在发电机网侧和转子侧变换器协同控制,所设计的网侧、转子侧变换器 P-R 电流控制方案不仅能够在稳态不平衡电网下提供精确的电流调节,而且在瞬态不平衡下体现出优良的动态响应特性。苑国锋等通过定子电压和转子电流的测量,提出了一种双馈异步风电机组新型无位置传感器控制方法,而对于双馈发电机的振动问题关注较少。由于双馈发电机转速变化大,工作频率范围宽,一旦与各种机械结构的固有频率一致,会引起复杂的机械振动和电磁振动的耦合,产生转子的机电耦联非线性振动,很可能出现共振现象。

本章以某型号双馈发电机为研究对象,结合理论分析和试验验证,对发电机的动态特性及影响因素进行深入研究,对保证发电机和风电机组的可靠运行具有非常重要的意义。

4.1　风电机组发电机物理模型

图 4.1 为空-空冷却双馈发电机的结构示意图,其中冷却器通过前后安装的风电机组以轴向流动的方式对转子线圈和定子线圈进行冷却,转子的三相励磁绕组与四象限变频器相连,通过调节变频器的频率、幅值、相位及相序,从而调节定子绕组的输出功率和功率因数,并使定子绕组的输出电压与电网电压同频、同相且同幅值,定子三相绕组直接与电网相连,转子两端各装有轴承及绝缘端盖,下风向端的

滑环系统在电气上连接双馈发电机转子和变频器,底部靠四个弹性支撑安装在风电机组的主框架上,起减振降噪的作用。

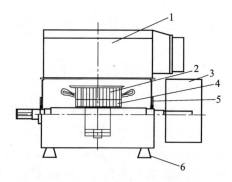

图 4.1　空-空冷却双馈发电机结构示意图

1-冷却器;2-转子;3-滑环系统;4-定子;5-轴承;6-弹性支撑

　　对双馈发电机进行振动分析时,忽略发电机结构和装配的不对称性、连接件间非线性因素的影响,将其简化为一个由转子-轴承-定子-弹性支撑构成的多自由度系统,轴承和弹性支撑看成弹簧-阻尼单元,这样发电机转子、定子和机架间通过线性的弹簧-阻尼单元联系在一起。简化的多刚体系统物理模型如图 4.2 所示。

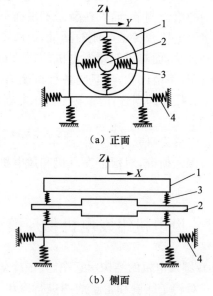

（a）正面

（b）侧面

图 4.2　双馈发电机物理模型

1-定子及机座;2-转子;3-轴承;4-弹性支撑

有弹性支撑的发电机固有频率计算按照图 4.1 和图 4.2 所示的动力学模型进

行。根据发电机的载荷特点与激励方式,其振动方式主要为沿 Z 轴的直线振动与绕 X 轴的绕角振动。由于风电机组的偏航、侧风和叶片倾覆等载荷的作用,在 X 方向与 Y 方向上所产生的低频激励对发电机的高频振动影响较小,可以忽略不计;其他两个方向的激励也较小,也可以不予考虑,计算公式如下。

沿 Z 轴的直线振动:

$$\omega^2 = k_{z2}/m \tag{4.1}$$

绕 X 轴的扭转振动:

$$\omega^2 = 0.5\left[(\omega_{y2}^2 + \omega_{\phi x}^2) + \sqrt{(\omega_{y2}^2 + \omega_{\phi x}^2)^2 + \frac{4\omega_{y2}^4 h^2 m}{I_x}}\right] \tag{4.2}$$

式中,$\omega_{y2}^2 = k_{y2}/m$,$\omega_{\phi x}^2 = (k_{z2}\sum b_i^2 + k_{y2}h^2)/I_x$,$m$ 为发电机质量,k_{y2} 为 Y 方向上弹性支撑的刚度,k_{z2} 为 Z 方向上弹性支撑的刚度,I_x 为发电机绕 X 轴的转动惯量,h 为发电机重心的高度,b_i 发电机重心的横向位置。

从式(4.1)可以看出,发电机沿 Z 向的直线振动频率的平方与底部弹性支撑 Z 向刚度成正比。式(4.2)中,对于一已经设计定型的发电机,其质量 m、转动惯量 I_x、重心高度 h、重心的横向位置 b_i 都为定值,底部弹性支撑 Z 向或 Y 向刚度的增加都会使系统的固有频率提高,反之,底部弹性支撑 Z 向或 Y 向刚度的减少会使系统的固有频率降低。弹性支撑的一个重要作用就是减弱从发电机传递到机架的振动,刚度的增加会影响减振效果,一般来说,刚度越大减振效果越差,其刚度不能无限制增加或减少,刚度的选择必须与发电机进行最优匹配,实现最优的减振效果。因此,通过弹性支撑的刚度调节只能在很小程度上改变发电机的固有频率。

4.2　发电机动态性能研究

4.2.1　发电机仿真模型

根据发电机的物理力学模型,结合发电机各部件的装配情况,构建了如图 4.3 所示的发电机动力学拓扑结构图。在此基础上,利用多体动力学分析软件 SIMPACK 建立发电机动态模型,刚性元件如主框架的模型在 Pro/E 中建立后直接导入 SIMPACK 中生成主框架模型。柔性体元件如发电机机座、定子铁心、转子、前后端盖在 ANSYS 中进行网格划分、节点分组,建立超单元,输出 SUB 文件,然后导入 SIMPACK 前处理器生成柔性体建模所需的 FBI 文件,在 SIMPACK 中的柔性体建模只需导入相应的 FBI 文件即可。转子前后两个轴承通过 SIMPACK 中的力元 FE41 设置轴承参数,主要包括刚度和阻尼。发电机底部和主框架之间的连接采用弹性支撑,弹性支撑对发电机的动态特性有很大的影响,动态模型中弹性支撑通过 SIMPACK 中的力元 FE5 来设置刚度和阻尼,弹性支撑的阻尼计算如下。

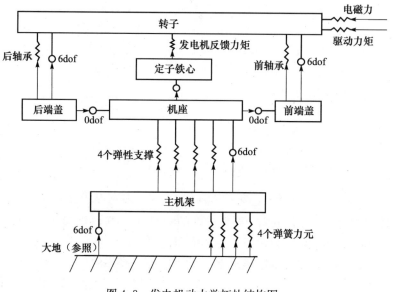

图 4.3　发电机动力学拓扑结构图

弹性支撑阻尼：

$$d = 2D\sqrt{\frac{KM}{n}} \tag{4.3}$$

式中，M 为发电机系统的等效质量，$M = \dfrac{I_{\text{rotor}} + I_{\text{shell}}}{r^2}$，$I_{\text{rotor}}$ 和 I_{shell} 分别对应发电机转子和机座的转动惯量；r 为回转半径；D 是阻尼系数；K 是弹性支撑垂向的刚度；n 是弹性支撑的个数。

据此建立的动态分析模型包含发电机的所有主要部件，所有模型的质量、转动惯量与相应部件图纸对应的参数非常接近，是非常精准的模型。此外，作用在转子上的有垂向磁场力、驱动力矩和反馈力矩，磁场力根据发电机设计参数进行计算得到，驱动力矩根据空气动力学原理由 GH Bladed 计算得到，而反馈力矩则根据发电机的设计特性曲线来确定。

利用四个刚度较大的弹簧-阻尼力元描述主框架的弹性，机座与主框架连接的四个弹性支撑和发电机转子前后两个轴承也分别采用弹簧-阻尼力元建模，发电机转子和定子铁心之间施加描述发电机转矩特性的反馈力矩，转子上施加驱动力矩及磁场力，前后端盖固定在发电机机座上。

所有模型除主框架，全部采用柔性体建模。各部分有限元模型如图 4.4(a)～(f)所示，整个发电机动力学模型如图 4.5 所示。

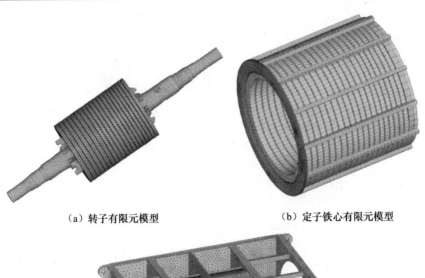

（a）转子有限元模型　　　　　　　　（b）定子铁心有限元模型

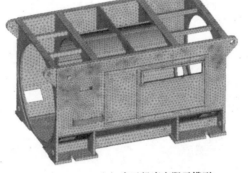

（c）定子机座有限元模型

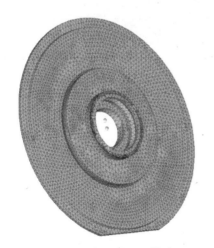

（d）机座前端盖有限元模型　　　　　　（e）机座后端盖有限元模型

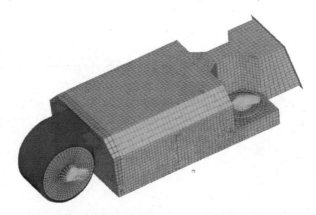

（f）冷却器有限元模型（内部包括冷却管）

图 4.4　发电机各部分有限元模型

图 4.5　整个发电机动力学模型

4.2.2　发电机仿真模态计算

对建立的发电机动力学模型单独进行分析,其中机座通过四个弹性支撑力元（三个方向刚度分别为 12kN/mm、12kN/mm 和 10kN/mm)固定,转子与定子铁心之间施加反馈力矩,转子轴驱动端施加额定工况下的力矩,在进行动平衡计算后再进行模态计算,得到发电机模态频率,其中前四阶频率对应的振型分别为发电机左右摇摆、前后摇摆、上下振动、绕 Z 轴转动,前 15 阶的频率及各阶频率能量集中的部件及方向列于表 4.1 中。

表 4.1　发电机模态计算频率及描述

阶次描述	频率/Hz	振型描述
NO_1	6.1	发电机整体沿 Y 向振动
NO_2	7.3	发电机整体沿 X 向振动
NO_3	10.3	发电机整体沿 Z 向振动
NO_4	15.7	发电机整体绕 Z 轴振动
NO_5	17.4	发电机整体沿 Y 向平动和沿 Z 向旋转的复合振动
NO_6	17.4	发电机整体沿 X 向平动和绕 Y 轴旋转的复合振动
NO_7	20.3	发电机整体沿 Y 向平动和 Z 向旋转的复合振动
NO_8	21.1	发电机整体沿 Y 向平动和绕 X 轴旋转的复合振动
NO_9	77.1	转子沿 Y 向平动和沿 Z 向平动的复合振动
NO_10	78.6	无
NO_11	81.1	转子沿 X 向平动和沿 Z 向平动的复合振动
NO_12	85.5	转子沿 Z 向平动和沿 Y 向平动的复合振动
NO_13	112.8	无
NO_14	125.6	无
NO_15	135.3	定子铁心绕 X 轴旋转和沿 Y 向平动的复合振动

表 4.1 中的能量集中部件是指对应频率下振动能量最大且接近于 1 的部件及方向,表中"无"表示该频率下,各部件各方向振动能量都较小。由表 4.1 可以看出,发电机前 15 阶固有频率振动能量主要集中在转子、冷却器和定子铁心几个部件上。

4.3　发电机模态试验

4.3.1　模态试验概述

1) 模态试验测试系统组成

模态试验测试系统主要包括激励系统、传感系统、信号分析仪、测试分析软件和计算机,其中激励系统通常采用模态激振器系统(包括信号源、功率放大器和激振器)或者力锤,传感系统主要包括传感器、适调放大器及有关连接部分,如图 4.6 所示。目前国际上比较知名的模态试验测试系统及分析软件包括 LMS、B&K 和 ME'scope 等公司的商业化产品。

2) 试验件的连接与安装

同一结构在不同的边界条件下,将有不同的模态参数,因此被测试的试验件支承方式应引起足够的重视。目前常用的主要有地面支承和自由支承两种支承方式。

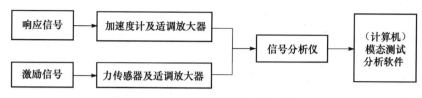

图4.6 模态试验测试系统连接示意图

地面支承是把被测试结构上所选择的点与地面连接,认为连接点的速度导纳为零,在模态分析时,删去适当的坐标,即可完成理论分析。实际上,由于连接点及基础不可能保持绝对刚性,因而与零导纳的假设有一定的偏差,只有当测量基础构件本身在整个频响函数测量的频率范围内,其导纳值比试验件在连接点相应的导纳小得多时,这种假设才能成立。采用地面支承时,必须注意连接部位,不能由于连接体的引入而引起局部刚度的增强。可以采用拆卸和重新安装试验件,对试验数据的重复性进行校核的办法来检验安装是否良好。对用激振器进行激励的构件,也可用类似办法进行校核。

自由支承是使试验件的任一坐标点都与地面不相连。这种支承方式较地面支承方式容易实现,虽然不可能提供绝对的自由支承条件,但用弹性绳把试件悬吊起来,就能得到这一类边界条件。对于不是特别大的试验件,往往采用这种支承方式,但可能引起刚体模态。一般在进行弯曲模态测量时,刚体模态频率应小于最低弯曲模态频率的20%。这种支承方式的悬挂点最好尽可能选在所讨论的模态节点附近。另外,应注意在小阻尼试验件测量时,悬挂系统可能附加明显的阻尼。

在实际工程应用中,对于轻阻尼线性结构,可在自由或者约束的边界条件下用锤击法进行模态测试。如果测试的目的是对有限元软件分析的结果进行修正,需要在自由边界下测试,即利用柔性好的弹性绳索、橡胶悬挂结构或者将试件放在柔软的海绵、汽车轮胎、泡沫材料上。而对于大型笨重结构,也可以使用空气弹簧支撑,因为空气弹簧承重大,支撑频率低。如果测试的目的是模仿"真实工作状态下"可能产生的振动情况,还可以在安装状态下进行模态试验测试。

3)激振方法

为了测量试验件的频率响应函数,必须对试验件结构施加激励。目前广泛采用宽频带激振技术进行模态测试,主要有脉冲、阶跃激励、快速正弦扫描、纯随机、伪随机、周期随机、瞬态随机等激励方法。此外,由于正弦慢扫描技术测试精度高,也是一种重要的激振手段。

对于脉冲激励,常用的有锤击法。脉冲锤是锤击法的主要设备,它由锤头(冲击端)、力传感器、附加质量和锤柄组成。脉冲锤所引起的激励带宽取决于力作用的时间长短,这既与锤头有关,也与被激励物的表面材料有关,硬锤头提供较窄的脉冲从而获得较宽的频率范围,软锤头反之。选择锤头的基本经验是:力信号的自功率谱在最高频率处比最大值下降不超过 20dB。如果发现激励力脉冲后半段有残余振荡,可换用较软的锤头或增大分析带宽解决。对于脉冲信号,特别是在小阻尼系统模态测试时,若分析频率高,因采样时间过短,而响应衰减慢,则响应信号被截断而产生能量泄漏,解决的办法是加指数窗。对于力脉冲信号,由于脉冲持续时间短,脉冲后面均为干扰信号,可采用加矩形窗函数的办法解决。此外,在锤击构件的瞬间,由于试验件结构的回跳,若在第一次敲击后响应尚未完全衰减即重叠上第二次敲击,便不能精确地测定频响函数,须予以注意。总体而言,锤击法具有快速、方便的特点,对被测试件无附加质量和刚度约束,适合于现场测量,但由于能量分散在很宽的频带内,激励能量小、信噪比低,故测试精度不太高,且与测试工程师的经验息息相关,一般局限在较小构件的模态试验中应用。

快速正弦扫描,又名线性调频脉冲,由持续的短信号组成。它要求信号发生器在数秒钟内扫过整个测试所需要的频段,以便获得具有平谱的激励力,从而达到宽频带激励。这种方法能获得平谱,在整个测试频段内,激励能量相同,信噪比大,因而较锤击法精度高。

瞬态随机是一种兼有瞬态和随机的新的激励方法,使用这种激励信号可使谱分析中的功率泄漏问题得到解决,具有随机信号信噪比高等优点。但该激励方法也存在不足之处,当试验件结构的阻尼较小时,自由振动未必能及时衰减到零,以及对于大型结构,瞬态激励的能量可能太小,但可通过其他办法补救。

正弦慢扫描是一种传统的激励方法,该技术比较成熟,它具有激励能量集中、信噪比大、测试精度高的优点,还可用来检验系统的非线性特性。近年来,由于多输入、多输出模态测试技术的发展及广泛应用,测量通道的增加,在测试频率步长间隔内即可完成信号的离散化傅里叶变换,使测试时间大为减少,弥补了该方法测试时间长的主要缺点,因此近年来其又重新受到重视,仍然是模态试验中的一种重要而可靠的方法。

4) 最佳悬挂位置、最佳激励位置和最佳测试点的确定

模态试验技术不仅仅是定性地描绘模态振型,还要求定量地运用模态振型,这就要求模态试验模型具有相当高的精度。因此,模态试验的最佳悬挂位置、最佳激励位置和最佳测试点如何确定的问题非常关键。

在进行模态试验之前,可以先通过有限元分析计算出理论振型,观察节点位置。因为节点是反共振点,即对某一阶模态,无论多大的激励都没有足够的响应,所以为了能让每一点都能反映振型的信息,参考点尽量不要布置在节点。

对于最佳悬挂位置,在做模态试验时,一般希望将试件悬挂点选择在振幅较小的位置。如果仅仅要求测试一阶模态,则最佳悬挂位置是在该阶模态的节点处。

对于最佳激励位置,为了保证系统的可辨识性,一般要求最佳激励点的位移响应值不等于零,即激励点不应靠节点或节线太近,否则某些模态将不能被激励

出来。

　　而对于最佳测试点,要求要有足够的测试精度,所测得的信息要有尽可能高的信噪比,因此测试点不应该靠近节点。加速度计布置的一般原则是均匀布置在被测物上,局部感兴趣的位置也可以多布置。

　　5) 频响函数的测试

　　以锤击法模态试验为例,频响函数测试基本流程如图 4.7 所示。

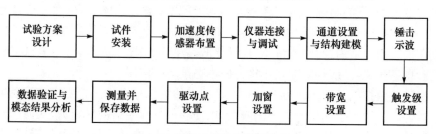

图 4.7　锤击法频响函数测试流程

4.3.2　模态分析方法

　　对于有输入输出的模态分析,当结构较复杂、模态频率比较密集时,可考虑优先使用频域模态分析中的 PolyLSCF 方法或时域模态分析中的 ERA 方法。其中,PolyLSCF(复频域最小二乘法,即 PolyMAX)是目前频域模态分析整体拟合方法中最新、速度最快、精度最高的分析方法。该方法拟合时考虑所有的频响函数或互功率谱,为总体拟合的方法,通过快速实现的稳定图先得到模态的频率和阻尼,再求出模态的振型,可识别密集模态的参数,因此在本节予以重点介绍,基本原理如下。

　　进行模态试验的基本原理是将结构离散化,结构的振动可以假设为具有 n 个自由度的线性弹性振动系统,其振动微分方程为

$$M\ddot{X} + C\dot{X} + KX = \{P(t)\} \tag{4.4}$$

式中,M、C、K 分别为系统的质量矩阵、阻尼矩阵和刚度矩阵,均为 $n \times n$ 阶实对称矩阵;X、$\dot{X}$、$\ddot{X}$ 分别为系统的位移、速度和加速度响应 n 阶矩阵(系统输出响应);$\{P(t)\}$ 为 n 阶激振力列阵(系统输入)。

　　将式(4.4)两边分别进行傅里叶变换可得

$$[X(j\omega)] = [H(j\omega)][P(j\omega)] \tag{4.5}$$

式中,$[H(j\omega)]$ 为位移频响函数矩阵,具体表达式如式(4.6)所示:

$$[H(j\omega)] = \sum_{r=1}^{N} \left[\frac{Q_r \{\psi\}_r \{\psi\}_r^T}{j\omega - \lambda_r} + \frac{Q_r^* \{\psi\}_r^* \{\psi\}_r^{*T}}{j\omega - \lambda_r^*} \right] \tag{4.6}$$

式中,Q_r 为比例换算因子;$\{\psi\}_r$ 和 $\{\psi\}_r^*$ 为第 r 阶模态向量(互为共轭);λ_r 为第 r 个特征值。

多参考最小二乘复频域法（LSCF 法）中，根据输入和输出测得的数据，可知 $[P(\omega)]$ 和 $[X(\omega)]$ 为已知，由式（4.5）可得

$$\underbrace{[H(\omega)]}_{l\times m}=\underbrace{[P(\omega)]}_{l\times m}\underbrace{[X(\omega)]^{-1}}_{m\times m} \tag{4.7}$$

式中，m 为输入参考通道数；l 为输出参考通道数。

1）求未知的分子、分母多项式系数 $[\beta_r]$、$[\alpha_r]$

令

$$[P(\omega)]=\sum_{r=0}^{p}Z^r[\beta_r] \tag{4.8}$$

$$[X(\omega)]=\sum_{r=0}^{p}Z^r[\alpha_r] \tag{4.9}$$

$$Z=\mathrm{e}^{-\mathrm{j}\omega\Delta t} \tag{4.10}$$

式中，$[\beta_r]$ 为 $l\times m$ 阶分子多项式系数矩阵；$[\alpha_r]$ 为 $m\times m$ 阶分母多项式系数矩阵；p 为数学模型阶次；Z 为多项式基函数；Δt 为采样时间。

在多参考最小二乘复频域法中设定 α_r、β_r 均为实值系数，可表示为

$$[\beta]=\begin{bmatrix}[\beta_0]\\[\beta_1]\\\vdots\\[\beta_p]\end{bmatrix}_{l(p+l)\times m},\quad [\alpha]=\begin{bmatrix}[\alpha_0]\\[\alpha_1]\\\vdots\\[\alpha_p]\end{bmatrix}_{m(p+l)\times m}$$

对于 FRF 数据频率轴上的任意频率 α_k，将式（4.8）～式（4.10）代入式（4.7），并由测量得到的 FRF $[\hat{H}(\omega_k)]$ 就可列出方程（4.7），取不同频率列出足够数量的方程，对于非线性系统参数识别问题，进行一定的线性化处理后，便可用最小二乘法求得未知的分子、分母多项式系数 $[\beta_r]$、$[\alpha_r]$（$r=0,1,\cdots,p$），通常取 $[\alpha_p]=[I]$。

2）求极点和模态参与因子

在求出分母矩阵多项式系数 $[\alpha_r]$ 的基础上，可由扩展的"友"矩阵的特征值分解得出极点和模态参与因子：

$$\begin{bmatrix}[O]&[I]&\cdots&[O]&[O]\\[O]&[O]&\cdots&[O]&[O]\\\vdots&\vdots&&\vdots&\vdots\\[O]&[O]&\cdots&[O]&[I]\\-[\alpha_0]^\mathrm{T}&-[\alpha_1]^\mathrm{T}&\cdots&-[\alpha_{p-2}]^\mathrm{T}&-[\alpha_{p-1}]^\mathrm{T}\end{bmatrix}[V]=[V][\Lambda] \tag{4.11}$$

式中，特征值矩阵（对角阵）$[\Lambda]$ 的对角线元素（特征值）$\lambda_r=-\mathrm{e}^{p_r\Delta}$（$r=1,2,\cdots,mp$），特征值是以共轭复数的形式成对出现的，即

$$p_r,p_r^*=-\sigma_r\pm\mathrm{j}\omega_{d_r} \tag{4.12}$$

特征向量矩阵$[V]_{mp \times mp}$最下面的m行即模态参与因子矩阵$[L]_{m \times mp}$。

3）求模态振型

在求出极点p_r和模态参与因子$\langle l \rangle_r^{\mathrm{T}}$之后，理论上可以求得全部系数$\alpha_r$、$\beta_r$，然后代入方程(4.7)求得模态振型。但 PolyLSCF 法采用较简单的方法求模态振型，如式(4.13)所示：

$$\left[\hat{H}(\omega)\right] = \sum_{r=1}^{N} \left[\frac{\{\phi\}_r \langle l \rangle_r^{\mathrm{T}}}{\mathrm{j}\omega - p_r} + \frac{\{\phi^*\}_r \langle l^* \rangle_r^{\mathrm{T}}}{\mathrm{j}\omega - p_r^*} \right] - \frac{[LR]}{\omega^2} + [UR] \qquad (4.13)$$

式中，$[\hat{H}(\omega)]$为$l \times m$阶矩阵；$\{\phi\}_r$为$l \times 1$列向量；$\langle l \rangle_r^{\mathrm{T}}$为$1 \times m$行向量；$[LR]$和$[UR]$为$l \times m$阶矩阵。

由于极点p_r和模态参与因子$\langle l \rangle_r^{\mathrm{T}}$都已求出，可以由测量的 FRF$[\hat{H}(\omega)]$按不同的取样频率列出式(4.13)，用线性最小二乘法求出式(4.13)中未知的模态振型$\{\phi\}_r$以及上、下残余项$[LR]$和$[UR]$。

PolyLSCF 法能清晰地反映各阶模态，适用于低频模态分析，方便确定其模态位置，在中高频和高频模态区域更有优势。

4.3.3　发电机整体模态试验

为验证模态仿真计算结果，进行了发电机模态试验，试验在试验台上进行，将发电机机座底部装有弹性支撑，来近似模拟工作环境。

试验采用锤击的激励方式，根据被测试对象的特点，共选择了 167 个激励点，并以第 3、70、98、127、160 和 166 号点为参考点，各布置一个传感器，它们对应的位置分别为发电机后端侧面底部 Y 向，顶部中间 X、Y、Z 三向，前端侧面顶部 Y 向，后端面 X 向，后端 2# 冷却风机 Z 向，后端 3# 冷却风机 X、Y、Z 三向，方向与 GL 标准坐标系一致。考虑到关心的频率范围，试验选用尼龙锤头对各点进行敲击。图 4.8 是本次试验激励点布置模型，由于附件的影响，部分区域无法敲击，故未布点，其反映到图 4.8 模型中为该区域缺失。

模态试验数据主要分为两个方面：力信号数据和加速度信号数据。本试验共有 167 个测点，力锤每敲击一个测点，就会同时产生力信号数据和 10 组加速度信号数据，这样就有 1837 组数据。为减小人为操作误差，除了避免力锤连击现象，还采用对每一测点敲击三次取平均的数据采集方式。

相干函数是判断模态试验锤头是否合适以及数据质量好坏的最主要手段，在工程领域一般要求传递函数(FRF)峰值附近的相干函数大于 0.75。大量试验经验表明，对于像发电机这种较大型的复杂结构，不是每一对数据的传递函数的相干曲线都能达到上述要求。图 4.9 和图 4.10 分别为相干性较好和较差的两组数据的力信号与加速度信号传递函数和相干函数。

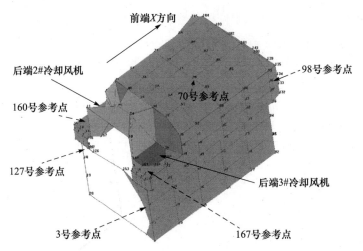

图 4.8　发电机整体模型布点图

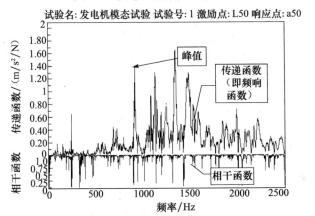

图 4.9　信号数据的传递函数和相干函数曲线(相干性较好)

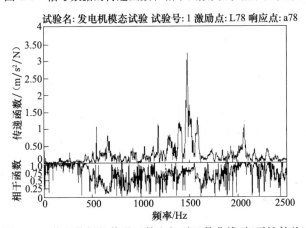

图 4.10　信号数据的传递函数和相干函数曲线(相干性较差)

图 4.9 对应两组信号的相干性较好,相干系数接近于 1,而图 4.10 对应的两组信号相干性较差,达不到分析所需的要求,说明这一对信号质量较差。经过对近 40%的数据进行抽样检查,得到发电机模态试验信号相干性达标率约 80%,有 20%的信号相干性较差。

对试验采集到的数据利用模态分析软件中的集总平均法或 PolyIIR 法进行模态参数筛选,筛选出前 2500Hz 内的模态频率,并对筛选出的频率进行模态拟合,其中 PolyIIR 法根据稳定图(图 4.11)进行模态筛选,具体如下。

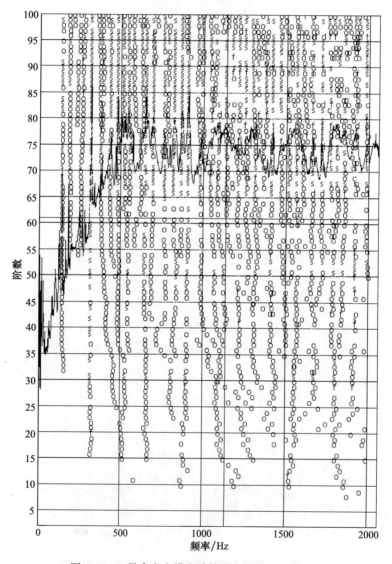

图 4.11　3 号参考点模态计算稳定图(PolyIIR 法)

分别对 3 号参考点(发电机后端侧面底部)、166 号参考点(发电机后端 3#冷却风机 Z 向,薄壁结构)(其中三向传感器选择 Z 向)数据采用 PolyIIR 法进行拟合,筛选出前 2500Hz 内模态频率并列于表 4.2 中,其中频率单位为 Hz,阻尼单位为%。

表 4.2　发电机机座带定子模态试验频率结果(0～2500Hz)

阶数	3 号参考点		166 号参考点	
	后端侧面底部 Y 向		后端 3#冷却风机 Z 向	
	频率/Hz	阻尼/%	频率/Hz	阻尼/%
1	160.9	1.3	106.5	6.4
2	276.8	0.9	312.0	2.1
3	315.7	0.2	405.2	2.4
4	395.7	0.8	446.4	2.4
5	502.5	0.3	481.3	1.3
6	536.4	1.0	564.8	1.8
7	570.8	0.2	601.6	1.7
8	648.9	0.8	643.6	2.0
9	757.9	0.1	716.0	1.8
10	817.8	0.5	869.5	1.3
11	867.3	0.6	904.3	1.3
12	905.2	0.5	957.2	0.7
13	1015.4	0.6	999.4	1.1
14	1076.5	0.2	1024.4	0.9
15	1095.0	0.3	1073.2	1.2
16	1236.9	0.8	1182.8	1.2
17	1415.2	0.3	1216.8	1.2
18	1516.2	0.3	1329.8	0.8
19	1614.0	0.3	1450.0	1.1
20	1660.3	0.2	1547.8	0.6
21	1790.0	0.5	1589.8	0.9
22	2022.2	0.4	1665.8	0.3
23	2088.8	0.7	1811.4	0.7
24	2129.6	0.3	1877.5	0.8
25	2167.4	0.3	2050.2	0.5
26	2337.0	0.5	2115.3	0.4
27	2381.0	0.6	2195.9	0.3
28	2417.9	0.4	2407.8	0.3
29			2446.9	0.2

由表 4.2 可知,不同参考点捕捉到的频率不同,参考点的选择对频率影响较大。

1) 3 号参考点模态振型图

将 3 号参考点测试数据进行分析可得到前 20 阶模态振型图。图 4.12 和图 4.13 分别是 3 号参考点处传感器捕捉到的第 1～4 阶和第 5～8 阶试验模态振型图,由这些图可以看出,这一传感器捕捉到的主要是一些局部振型,且基本集中在发电机后端侧面底部的区域,而上面的冷却器基本都没有体现,这与该传感器的安装位置及电机的结构特点有关。

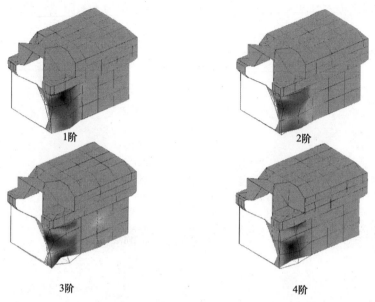

图 4.12　3 号参考点第 1～4 阶试验模态振型图

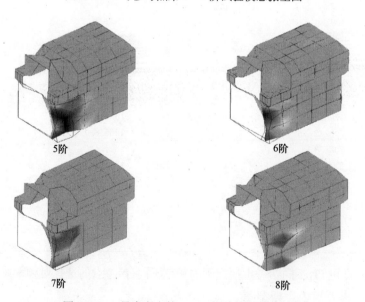

图 4.13　3 号参考点第 5～8 阶试验模态振型图

2)166 号参考点模态振型图

同样,将 166 号参考点处传感器捕捉到的测试数据进行分析得到其前 8 阶模

态振动图,如图 4.14 和图 4.15 所示。与前面 2♯冷却风机的前 8 阶模态振型图
(图 4.12 和图 4.13)相比,两个传感器捕捉到的模态振型差别较大,其中 3♯冷却
风机处传感器测得的模态主要体现在冷却器盖板上,而 3♯冷却风机附近被激发
的模态很少。这可能是由 3♯冷却风机与 2♯冷却风机处结构的差异导致,也可能
是数据采集中的误差所致。

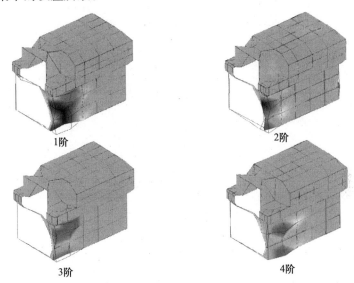

图 4.14　166 号参考点第 1～4 阶试验模态振型图

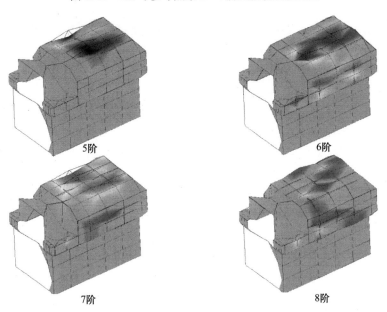

图 4.15　166 号参考点第 5～8 阶试验模态振型图

　　由表 4.2 中各参考点模态频率及对应的模态振型图可以看出,不同参考点得到的发电机模态频率及模态振型结果差别较大,要全面了解发电机整体模态特性需要布置适当数量的传感器。

　　由图 4.16 可知,MAC 矩阵非对角元素的值都比较小,这说明模态测试大部分结果可信度较高。

试验名: 发电机模态试验1#振型相关矩阵校验

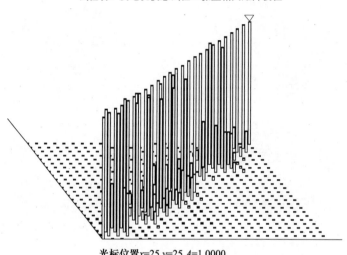

光标位置 $x=25$ $y=25$ $A=1.0000$

图 4.16　166 号参考点模态拟合 MAC 矩阵图

通过对某风电机组发电机整体模态测试结果进行分析,可得到以下结论:

　　(1) 发电机整体在 0~2500Hz 内固有频率较多、较密;

　　(2) 在 0~2500Hz 内,发电机整体被激发的大部分都是局部模态;

　　(3) 参考点的选择对分析的结果影响较大,安装在参考点上的传感器对附近结构振动更敏感,其捕捉到的频率主要是反映其附近结构的模态振型;

　　(4) 本模态试验捕捉到一些 2♯冷却风机和 3♯冷却风机附近结构被激发的模态振型,这些被激发振型对应的频率可能是 2♯冷却风机和 3♯冷却风机处潜在的共振频率;

　　(5) 对于像发电机这种局部模态较多的结构,通过试验全面获得其固有频率较困难,需要布置更多的测点,且应采取多输入多输出(MIMO)技术。

4.4　发电机敏感参数研究

4.4.1　弹性支撑刚度

　　为研究弹性支撑对发电机固有频率的影响,在前面分析的基础上增加几种弹性支撑参数,即其三向刚度的参数分别为(6,6,5)、(30,30,11)、(35,35,12),单位为 kN/mm。其中后两种参数的选择考虑了实际已有的应用。对含有这几种弹性支撑的发电机模型进行模态计算,并对其结果比较如表 4.3 所示。

表 4.3　不同弹性支撑下发电机的固有频率(单位:Hz)

阶数	(6,6,5)	(12,12,10)	(30,30,11)	(35,35,12)
1	4.3	6.1	6.8	7.1
2	5.2	7.3	8.2	8.6
3	7.2	10.3	10.8	11.3
4	11.2	15.7	17.4	17.4
5	12.3	17.4	20.2	20.2
6	14.9	17.4	24.3	26.2
7	17.4	20.3	25.2	26.9
8	20.3	21.1	30.9	33.0
9	76.9	77.1	77.5	77.7
10	78.6	78.6	78.6	78.6
11	80.8	81.1	82.1	82.3
12	85.3	85.5	85.8	85.9

表 4.3 中各弹性支撑频率对应的振型与表 4.1 对应阶次的振型基本一致,前 4 阶频率对应的振型都分别为发电机左右摇摆、前后摇摆、上下振动、绕 Z 轴摆动。从表 4.3 中的数据可以看出,随着弹性支撑刚度的增加,1~8 阶对应的发电机整体频率呈增大的趋势,但 9~12 阶对应的转子频率基本未发生变化,由此可知,弹性支撑刚度对发电机系统频率有很大的影响,但对转子的频率影响较小。

4.4.2　轴承刚度

为了全面研究和仿真发电机轴承刚度变化对振动特性的影响,仿真工况的设置主要考虑轴承受其自身的结构参数、运行条件、载荷工况及润滑环境等因素的综合影响,其刚度是非线性的,结合风电机组的实际受载特点,X 向的刚度变化很小,因此仿真工况主要考虑轴承刚度在 Y 向和 Z 向的变化。考虑到弹性支撑对发电机的影响,仿真计算还考虑弹性支撑参数的影响增加了工况 6,如表 4.4 所示,计算得到的各阶特征频率如表 4.5 所示。

表 4.4　仿真工况设置

参数	方向	工况 1	工况 2	工况 3	工况 4	工况 5	工况 6
前轴承刚度/ (kN/mm)	X	85.6	85.6	85.6	85.6	85.6	85.6
	Y	661.6	361.6	161.6	661.6	661.6	661.6
	Z	748.0	748.0	748.0	348.0	248.0	248.0

续表

参数	方向	工况 1	工况 2	工况 3	工况 4	工况 5	工况 6
后轴承刚度/ (kN/mm)	X	28.3	28.3	28.3	28.3	28.3	28.3
	Y	635.2	335.2	135.2	635.2	635.2	635.2
	Z	362.1	362.1	362.1	162.1	132.1	131.1
弹性支撑刚度/ (kN/mm)	X/Y	12.0	12.0	12.0	12.0	12.0	35.0
	Z	10.0	10.0	10.0	10.0	10.0	11.0

表 4.5　仿真计算结果(单位:Hz)

阶次	工况 1	工况 2	工况 3	工况 4	工况 5	工况 6
NO_1	6.1	6.1	6.1	6.1	6.1	6.8
NO_2	7.3	7.3	7.3	7.3	7.3	8.3
NO_3	10.2	10.2	10.2	10.2	10.2	10.7
NO_4	15.7	15.7	15.7	15.7	15.7	23.9
NO_5	17.0	17.0	17.0	17.0	17.0	26.3
NO_6	21.0	20.9	20.7	20.9	20.9	32.2
NO_7	38.3	38.3	38.3	38.3	38.3	42.1
NO_8	61.3	59.7	59.1	53.8	50.4	50.5
NO_9	71.6	68.3	62.8	68.6	68.0	69.4
NO_10	78.6	78.6	78.6	78.6	78.6	78.6
NO_11	90.3	—	—	92.5	92.5	86.5
NO_12	112.7	112.7	112.7	112.6	112.6	112.6

　　从表 4.5 的计算结果可以看出:工况 1、工况 2、工况 3 依次减小发电机前后轴承 Y 向的轴承刚度,前 7 阶、第 10 阶、第 12 阶特征频率值几乎没有变化,第 8 阶和第 9 阶特征频率减小,第 11 阶特征频率缺失。工况 1、工况 4、工况 5 依次减小发电机前后轴承 Z 向的轴承刚度,前 7 阶、第 10 阶、第 12 阶特征频率值几乎没有变化,第 8 阶和第 9 阶特征频率减小,第 11 阶特征频率增大。工况 6 的前 7 阶频率值都有不同程度的增大,第 8 阶、第 9 阶、第 11 阶特征频率减小,第 10 阶和第 12 阶特征频率基本不变。

　　进一步的振型分析发现:前 7 阶的特征频率均表现为发电机整体系统振动,第 8 阶、第 9 阶、第 11 阶的特征频率表现为发电机转子的振动,第 10 阶和第 12 阶特征频率表现为定子铁心的振动。因此,发电机前后轴承 Y 向和 Z 向刚度的变化会

显著改变发电机转子的特征频率,对发电机系统及定子铁心的振动特性几乎没有
影响。而弹性支撑刚度的增加导致发电机系统振动的特征频率值增大,对转子和
定子铁心的振动特征频率影响较小,这与前面的分析结论一致。

此外,工况4、工况5、工况6的第8阶频率53.8Hz、50.4Hz、50.5Hz已经接近
或落在电网的频率变化范围内((50±2.5)Hz),这将引起发电机转子与电网的共
振,严重影响发电机的安全运行。根据文献的试验结果,随着载荷的加大,轴承的
径向刚度和轴向刚度都会变大,增加预紧力,轴承的径向刚度会明显变大。因此,
发电机转子在设计时必须考虑轴承刚度的匹配性,在安装时必须设计合理的预紧
力,轴承刚度值设计过小、预紧力不够等都会导致轴承刚度下降,从而改变发电机
转子的固有频率,引发与电网的共振,严重影响发电机的安全运行。弹性支撑刚度
对发电机整体特征频率有较大的影响,在设计中也应引起重视,避免低频范围内发
电机转频激发的共振。

为了检测发电机的振动响应,可以通过振动传感器对轴承座、发电机机座等外
露部件的振动试验测试来实现。试验采用背靠背形式的两台完全相同的发电机进
行,发电机底部通过弹性支撑固定于地面,试验采用的振动测试设备包括加速度传
感器、数据线、多通道数据采集仪和工作用计算机。振动测点为发电机前轴承端盖
X、Y、Z 三个方向(图 4.17 中的⑤),发电机后轴承端盖 X、Y、Z 三个方向(图 4.18
中的②)。试验工况包括:启动过程、停机过程,转速分别为 700r/min、750r/min、
800r/min、850r/min、900r/min、950r/min、1000r/min、1050r/min、1100r/min、
1150r/min、1200r/min,稳定转速为 1200r/min 的紧急停机。试验时发电机的轴承
参数与工况 5 对应的轴承刚度值相近,试验分别按照工况 5 和工况 6 对应的弹性
支撑进行。

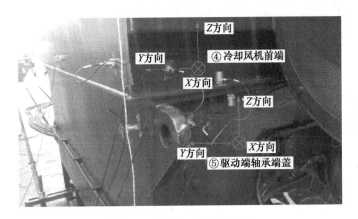

图 4.17　发电机前端振动测点

图 4.18　发电机后端振动测点

图 4.19 和图 4.20 分别为恒定转速为 800r/min 时弹性支撑参数对应的频谱图,图中标注了与仿真计算结果相近的频率。可以看出,图 4.19 的 49.9Hz 频率和图 4.20 中的 50.3Hz 频率的振动峰值都很高,且与电网频率 50Hz 相近,这说明电网激发了发电机转子系的共振,与仿真预测情况一致。因此,必须选择合适的转子轴承以改变其轴承刚度来避免发电机运行过程中出现共振的可能。表 4.6 对两种工况下的仿真和计算结果进行了对比分析,可以看出,仿真计算得到的特征频率值在频谱图上基本都有体现,误差最大为 8.5%,进一步说明仿真模型和计算结果均有较高的可信度。

表 4.6　仿真与试验结果对比(单位:Hz)

阶次	800r/min			1200r/min		
	仿真	试验	误差/%	仿真	试验	误差/%
NO_1	6.06	6.30	3.8	6.78	6.25	−8.5
NO_2	7.26	7.28	0.3	8.25	—	—
NO_3	10.16	10.30	1.4	10.65	10.70	0.5
NO_4	15.73	15.70	−0.2	23.93	23.70	−1.0
NO_5	16.97	16.80	−1.0	26.29	27.40	4.1
NO_6	20.93	20.00	−4.7	32.19	32.00	−0.6
NO_7	38.27	38.10	−0.4	42.09	42.00	−0.2
NO_8	50.27	49.90	−0.7	50.47	50.30	−0.3
NO_9	67.92	67.30	−0.9	69.41	71.30	2.7
NO_10	78.58	78.90	0.4	78.58	79.30	0.9
NO_11	92.50	92.50	0	86.54	86.50	0
NO_12	112.60	114.30	1.5	112.60	115.00	2.1

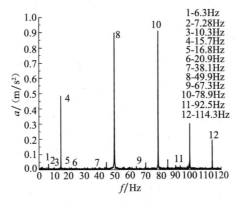

图 4.19　工况 5 下的频谱图

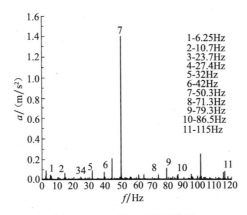

图 4.20　工况 6 下的频谱图

从改变轴承刚度对整机特性的影响结果来看:

(1) 轴承径向刚度的变化会显著改变发电机转子系的固有频率。因此,在设计发电机转子时必须考虑轴承刚度的匹配性,在安装时必须设计合理的预紧力,轴承刚度值设计过小、预紧力不够等都会导致轴承刚度下降,从而改变发电机转子系的固有频率,引发与电网的共振,严重影响发电机的安全运行。

(2) 发电机弹性支撑刚度的变化会改变发电机系统的固有频率,在设计中必须重视,避免激发发电机设计转速范围内的共振。

(3) 基于 SIMPACK 建立的高精度刚-柔耦合动态模型真实地反映了发电机各部件的特性,各力元真实描述了轴承、弹性支撑在发电机系统中的作用,试验结果与仿真结果的一致性验证了仿真模型的正确性。模型的建立和多体动力学分析方法解决了发电机系统设计和运行中存在的实际问题,具有重要的现实意义,也为后续新机型的设计提供了很好的借鉴,具有重要的理论价值。

4.5　发电机动力学模型对风电机组动态性能的影响研究

为研究发电机动力学模型对传动系统的影响,将发电机详细模型(简称发电机模型 B)代替之前某传动系统模型中的发电机简化建模模型(简称发电机模型 A)并在额定工况下进行模态分析,筛选出绕 X 轴的潜在共振频率,并与原分析结果进行比较,结果如表 4.7 所示。两者之间的对比如表 4.8 所示。

表 4.7　某风电机组传动系统模态分析对比

阶数	发电机模型 A 频率/Hz	能量集中部件	发电机模型 B 频率/Hz	能量集中部件
f_NO1	1.4	发电机转子	1.4	发电机转子
f_NO2	2.3	叶片、发电机转子	2.3	叶片、发电机转子
f_NO3	3.9	发电机定子	5.3	叶片
f_NO4	5.3	叶片	10.0	叶片
f_NO5	10.0	叶片	16.0	叶片
f_NO6	16.0	叶片	21.1	发电机定子
f_NO7	23.6	叶片	23.6	叶片
f_NO8	32.2	叶片	32.2	叶片
f_NO9	42.6	叶片	42.6	叶片
f_NO10	54.8	叶片	54.8	叶片
f_NO11	68.5	叶片	67.8	联轴器
f_NO12	83.6	叶片	68.5	叶片
f_NO13	89.7	联轴器	83.6	叶片
f_NO14	100.3	叶片	100.3	叶片
f_NO15	118.7	叶片	118.7	叶片
f_NO16	138.6	叶片	134.3	发电机定子
f_NO17	162.6	行星架	138.6	叶片
f_NO18	184.3	叶片	159.8	行星架
f_NO19	209.6	叶片	184.3	叶片
f_NO20	237.8	叶片	209.6	叶片
f_NO21	251.2	第二、三级大齿轮	232.8	第二、三级大齿轮
f_NO22	305.2	叶片	237.8	叶片
f_NO23	353.0	叶片	274.7	叶片
f_NO24	479.6	第二、三级大齿轮	305.2	叶片
f_NO25	632.7	叶片	397.1	联轴器
f_NO26	698.9	联轴器	412.9	叶片
f_NO27	779.0	联轴器	533.7	第二、三级大齿轮
f_NO28	1416.6	行星轮	794.0	联轴器
f_NO29	1800.8	太阳轮轴	908.7	联轴器
f_NO30	—	—	1430.7	行星轮
f_NO31	—	—	1799.7	太阳轮轴

表 4.8　发电机模型 A 和 B 对应的传动系统模态差异性分析对比

能量集中部件	发电机模型 A 频率/Hz	发电机模型 B 频率/Hz
发电机定子	3.9	21.1
	—	134.3
联轴器	89.7	67.8
	698.9	397.1
	779.0	794.0
	—	908.7
第二、三级大齿轮	251.2	232.8
	479.6	533.7

　　对比表 4.7 和表 4.8 的发电机模型 B 与发电机模型 A 计算结果可知:能量集中在定子、联轴器、第二级和第三级大齿轮上的模态频率产生较大的变化,而集中在叶片、行星架、行星轮、太阳轮轴上的模态频率变化不大,这说明发电机模型细化对靠近高速端部件的动力学特性有较大影响;发电机模型 B 多出的两阶能量集中在发电机定子和联轴器上,这说明细化发电机模型丰富了其自身以及与之相连部件的动力学特性;第一、二阶频率是传动系统动力学计算的最关注频率,两者差别较小,这说明发电机建模的详细程度对第一、二阶固有频率影响很小。

　　通过对风电机组的发电机详细模型进行动力学分析,可以得到以下几个结论:发电机详细模型的动力学特性较丰富,模型的详细程度主要影响传动系统靠近高速端的频率结果,对低速端影响很小。本书计算了含四种弹性支撑的发电机动力学特性,结果表明,改变弹性支撑的参数会引起发电机系统部分固有频率发生变化。第一阶频率是传动系统动力学计算的最重要频率,而发电机建模的详细程度对第一阶固有频率影响很小。

第5章 风电机组齿轮箱动态性能研究

风电机组中,叶轮将风的动能转化为叶轮转动的机械能,机械能通过主轴、齿轮箱、联轴器传递给发电机。叶轮由于叶尖速度的限制,其转速一般都比较慢,而发电机由于其极对数比较少,所以其转速一般比较高,常用的大型发电机转速为1500~3000r/min,因此叶轮传递过来的转速需要一个增速装置使其增至发电机的额定转速。风电机组齿轮箱就是这样一种行星齿轮增速箱。风电机组齿轮箱通常体积大、重量大、结构及承载都很复杂,风电机组起、停、变桨等动作带来的载荷冲击都会传递到齿轮箱,同时由于齿轮箱内齿轮的高速运转,齿轮箱内各零部件受到循环载荷的作用,所以齿轮箱是风电机组中一个高故障率的部件。而且,由于齿轮箱位于风电机组机舱罩内狭小的空间中,出现故障后,维修极为困难。大量实践证明,齿轮箱是风电机组传动系统中最薄弱的环节,因此加强对齿轮箱性能的研究具有重要的意义。要对齿轮箱进行精确的分析,就必须建立准确详细的齿轮箱模型。本章中齿轮箱模型均采用实际运行风电机组齿轮箱的参数,考虑齿廓修形、轴承刚度阻尼等详细数据,建立详细的齿轮箱模型。

5.1 风电机组齿轮传动系统

本章研究对象某风电机组齿轮传动系统采用一级 NGW 行星传动加两级平行轴斜齿轮传动的结构形式,其中行星级采用行星架输入、太阳轮输出、内齿圈固定的结构,并用三个行星轮来分担载荷。中高速级平行轴传动为斜齿轮传动。其结构和传动系统示意图如图 5.1 所示。

齿轮箱内含太阳轮轴、空心轴、高速输入和输出轴,因为承载复杂并存在变形,一般根据计算的需要有三种建模方法:第一种方法是把轴按径向尺寸的不同划分为多个刚体,刚体之间采用弹簧连接,只考虑旋转方向的自由度;第二种方法是把轴按径向尺寸的不同划分为多个刚体,刚体之间采用弹簧连接,但考虑六个方向的自由度;第三种方法是有限元法,把轴离散成多个弹性体。

第一种方法计算过程如下:以太阳轮轴为例把轴分成如图 5.2 所示的几段。

轴的总体扭转刚度计算公式为

$$c_a = \frac{1}{\sum\limits_{i=1}^{n}\left(\dfrac{1}{{}_ic_a}\right)} \tag{5.1}$$

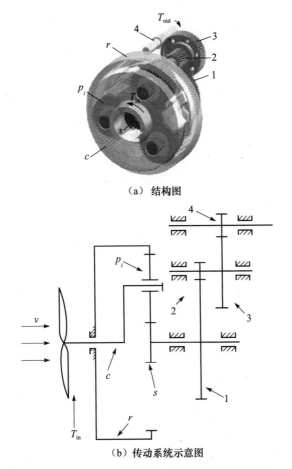

（a）结构图

（b）传动系统示意图

图 5.1　风电机组齿轮传动系统结构及其示意图

T_{in}-低速端输入转矩;T_{out}-高速端输出转矩;p_i-行星轮;c-行星架;r-内齿圈;s-太阳轮
1-中间级主动斜齿轮;2-中间级从动斜齿轮;3-高速级主动斜齿轮;4-高速级从动斜齿轮

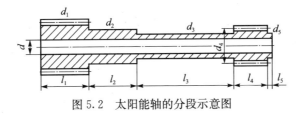

图 5.2　太阳能轴的分段示意图

分段轴的扭转刚度计算公式为

$$^ic_\alpha = \frac{G \cdot {^iI_p}}{^il} \tag{5.2}$$

式中,G 为剪切模量;^il 为各分段的长度;^iI_p 为各分段对应的轴截面极惯性矩,其

计算公式为

$$^{i}I_{p}=\frac{\pi}{32}\cdot(^{i}D^{4}-^{i}d^{4}) \qquad (5.3)$$

式中，^{i}D 为各分段轴的外径，^{i}d 为各分段轴的内径。

如图 5.3 所示，轴各分段的连接只考虑扭转刚度和阻尼，则在旋转方向的转动惯量计算公式为

$$^{i}J_{xx}=\frac{^{i}m}{8}\cdot(^{i}D^{2}+^{i}d^{2}) \qquad (5.4)$$

各分段轴的质量计算公式为

$$^{i}m=\frac{\pi}{4}\cdot\rho\cdot(^{i}D^{2}-^{i}d^{2})\cdot^{i}l \qquad (5.5)$$

因此段与段之间连接弹簧的扭转刚度为

$$^{i}c_{\alpha}=\cfrac{1}{\cfrac{^{i}l/2}{G\cdot^{i}I_{p}}+\cfrac{^{i+1}l/2}{G\cdot^{i+1}I_{p}}} \qquad (5.6)$$

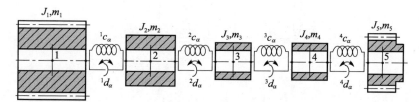

图 5.3　各分段只考虑扭转刚度和阻尼的连接示意图

第二种方法是在第一种方法的基础上考虑全自由度，如图 5.4 所示，其相应增加的计算内容如下。

Y、Z 向的转动惯量计算公式为

$$^{i}J_{yy}=^{i}J_{zz}=\frac{^{i}m}{4}\cdot\left(\frac{^{i}D^{2}}{4}+\frac{^{i}d^{2}}{4}+\frac{^{i}l^{2}}{3}\right) \qquad (5.7)$$

绕 Y 和 Z 轴的扭转刚度计算公式为

$$^{i}c_{\beta}=\cfrac{1}{\cfrac{^{i}l/2}{E\cdot^{i}I_{yy}}+\cfrac{^{i+1}l/2}{E\cdot^{i+1}I_{yy}}} \qquad (5.8)$$

$$^{i}c_{\gamma}=\cfrac{1}{\cfrac{^{i}l/2}{E\cdot^{i}I_{zz}}+\cfrac{^{i+1}l/2}{E\cdot^{i+1}I_{zz}}} \qquad (5.9)$$

$$^{i}I_{yy}=^{i}I_{zz}=\frac{\pi}{64}\cdot(^{i}D^{4}-^{i}d^{4}) \qquad (5.10)$$

三个平动方向的刚度计算公式为（A 为横截面积）

$$^{i}c_x = \frac{1}{\dfrac{^{i}l/2}{E \cdot {}^{i}A} + \dfrac{^{i+1}l/2}{E \cdot {}^{i+1}A}} \tag{5.11}$$

$$^{i}c_y = {}^{i}c_z = \frac{1}{\dfrac{^{i}l/2}{G \cdot {}^{i}A} + \dfrac{^{i+1}l/2}{G \cdot {}^{i+1}A}} \tag{5.12}$$

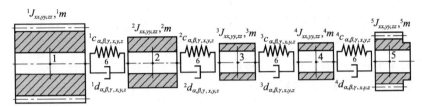

图 5.4　各分段考虑全自由度连接示意图

　　齿轮系统的动力学中所建立的力学模型均是离散化的单自由度或多自由度模型,本章以传动系统为研究对象,采用齿轮系统模型,模型中包含齿轮副、传动轴、支撑轴承等。该模型不仅可以分析啮合轮齿的动载荷,而且可以确定系统中所有零件的动态特性和相互作用,该模型是耦合性模型,可以全面确定齿轮系统的动态特性。根据有关学者的研究结论,齿轮啮合振动的周向、径向和轴向振动中,周向扭转振动最为主要,且齿轮的振动载荷基本上与振动加速度成比例。因此,这里只考虑系统扭转振动。

　　齿轮传动系统的动力学运动方程可表示为

$$M\ddot{x} + C\dot{x} + K(t) = F \tag{5.13}$$

式中,M 为质量矩阵,C 为阻尼矩阵,$K(t)$ 为刚度矩阵,F 为系统外部载荷,x 为自由度向量。

　　系统的质量矩阵 M 为

$$M = \mathrm{diag}\left[\frac{I_c}{r_c^2}, \frac{I_{p1}}{r_p^2}, \frac{I_{p2}}{r_p^2}, \frac{I_{p3}}{r_p^2}, \frac{I_s}{r_s^2}, \frac{I_1}{r_1^2}, \frac{I_2}{r_2^2}, \frac{I_3}{r_3^2}, \frac{I_4}{r_4^2}\right] \tag{5.14}$$

相应的自由度向量 x 为

$$x = [u_c, u_{p1}, u_{p2}, u_{p3}, u_s, u_1, u_2, u_3, u_4]^{\mathrm{T}} \tag{5.15}$$

外部激励 F 为

$$F = [T_{in}, 0, 0, 0, T_s, T_1, T_2, T_3, -T_{out}]^{\mathrm{T}} \tag{5.16}$$

　　轮齿综合啮合刚度定义为使一对或几对同时啮合的轮齿在 1mm 齿宽上产生 $1\mu m$ 变形所需的载荷。设齿轮啮合齿对数为 n,则轮齿综合啮合刚度可表示为

$$k = \sum_{i=1}^{n} \frac{F_i}{\delta_{di} + \delta_{pi}} \tag{5.17}$$

式中,δ_{di} 和 δ_{pi} 分别为主动轮和被动轮的轮齿变形,F_i 为齿轮啮合齿对接触力,通过

式(5.17)所示的方程组可以求得

$$\begin{cases} k_{\mathrm{p}}x_{\mathrm{p}} = p_{\mathrm{p}} + F_{\mathrm{p}} \\ k_{\mathrm{d}}x_{\mathrm{d}} = p_{\mathrm{d}} + F_{\mathrm{d}} \end{cases} \tag{5.18}$$

式中,k_{p} 和 k_{d} 分别为被动轮和主动轮的刚度,p_{p} 和 p_{d} 分别为被动轮和主动轮的载荷,F_{p} 和 F_{d} 分别为被动轮和主动轮接触力,x_{p} 和 x_{d} 分别为被动轮和主动轮的位移。

轮齿啮合误差是由齿轮加工误差和安装制造误差引起的,这些误差使齿轮啮合齿廓偏离理论的理想啮合位置,破坏了渐开线齿轮的正确啮合方式,使齿轮瞬时传动比发生变化,造成齿与齿之间碰撞和冲击,产生了齿轮啮合的误差激励。根据齿轮设计的精度等级确定齿轮的偏差,并采用正弦简谐函数表示这种误差模拟,则轮齿的啮合误差可表示为

$$e(t) = e_0 + e_{\mathrm{r}}\sin(2\pi t/T_z + \varphi) \tag{5.19}$$

式中,e_0 和 e_{r} 分别为轮齿误差的常值和幅值;T_z 为齿轮的啮合周期,$T_z = 60/(nz)$,n 和 z 为齿轮的转速和齿数;φ 为相位角。

5.2　齿轮箱动态性能研究

5.2.1　齿轮箱的模态计算

本节将箱体考虑为柔性体,对某风电机组的齿轮箱进行动力学分析,齿轮箱各级齿数如表 5.1 所示。齿轮箱体有限元模型及动力学模型如图 5.5 和图 5.6 所示。

表 5.1　齿轮箱各级齿轮数

速度级	部件	齿数
低速级	太阳轮	21
	行星轮	39
	内齿圈	99
中间级	大齿轮	86
	小齿轮	21
高速级	大齿轮	105
	小齿轮	27
传动比		91

为了了解齿轮箱的频域特点,对齿轮箱的切入和额定工况进行模态计算,结果如表 5.2 所示。可以看出:齿轮箱在额定和切入工况下低阶模态振型完全一致,其中前三阶分别为整体 X 向移动、整体绕 Y 轴摆动、整体绕 Z 轴摆动,额定工况下的

图 5.5　某风电机组齿轮箱箱体有限元模型

图 5.6　某风电机组齿轮箱箱体动力学模型

频率略高于切入工况，但差异非常小，因此齿轮箱的动力学分析可以选取额定工况作为代表工况进行分析。

表 5.2　在额定和切入工况下某风电机组齿轮箱的低阶频率及其振型对比

阶数	额定工况/Hz	振型描述	切入工况/Hz	振型描述
1	7.0	整体 X 向移动	7.0	整体 X 向移动
2	9.8	整体绕 Y 轴摆动	9.7	整体绕 Y 轴摆动
3	11.8	整体绕 Z 轴摆动	11.7	整体绕 Z 轴摆动
4	46.8	整体 Y 向移动	46.7	整体 Y 向移动
5	86.0	行星架 X 向移动	86.0	行星架 X 向移动
6	124.4	行星架 Z 向移动	124.6	行星架 Z 向移动
7	141.8	箱体 X 向移动	144.2	箱体 X 向移动
8	156.2	行星架绕 X 轴摆动	155.5	行星架绕 X 轴摆动
9	169.3	行星架绕 Y 轴摆动	166.9	行星架绕 Y 轴摆动
10	185.9	行星架绕 Z 轴摆动	184.5	行星架绕 Z 轴摆动
11	192.4	高速输入轴 X 向移动	191.4	高速输入轴 X 向移动

　　风电机组传动系统动力学的分析主要关注绕 X 轴旋转方向的振动,表 5.3 给出了某风电机组齿轮箱绕 X 轴旋转方向振动能量较大的频率及对应的部件。可见,额定和切入工况下振动能量较大的部件对应的频率基本都相同。

表 5.3　在额定和切入工况下某风电机组齿轮箱
旋转方向振动能量较大的频率及对应的部件

阶数	额定工况	能量集中部件	切入工况	能量集中部件
1	156.2	行星架	155.5	行星架
2	244.4	箱体	244.7	箱体
3	652.9	行星轮	652.8	行星轮
4	760.0	高速输出轴	695.3	高速输出轴
5	1388.0	行星轮	1380.6	行星轮
6	1820.0	太阳轮轴	1799.0	太阳轮轴

5.2.2　齿轮箱关键动态性能参数研究

　　1）扭转刚度

　　齿轮箱的扭转刚度是整机设计中载荷计算需要输入的重要参数,一般由齿轮箱厂家提供。计算过程中,固定高速输出轴连接联轴器的一端,在行星架端输入扭矩计算齿轮箱扭转刚度,具体结果如图 5.7 所示。

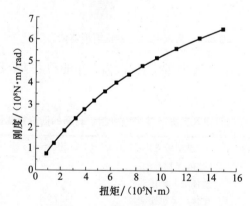

图 5.7　不同扭矩下风电机组齿轮箱扭转刚度曲线

　　由图 5.7 可知,在不同扭矩下齿轮箱扭转刚度不同,齿轮箱扭转刚度具有非线性特征,一般随着扭矩的增大而增大。因此,齿轮箱的动力学特性随着工况的变化而发生变化。

　　2）弹性支撑

　　齿轮箱的弹性支撑是风电机组传动系统中的重要元件,对风电机组动力学特性有着重要影响,主要起减振降噪作用。为了了解齿轮箱弹性支撑对齿轮箱动力学的影响,此处选取齿轮箱额定工况下有无齿轮箱弹性支撑的两种情况进行仿真,无弹性支撑连接是假想齿轮箱箱体与风电机组的主框架直接刚性连接。表 5.4 选取了结果中 200Hz 内的频率进行对比分析。可以看出,有无弹性支撑,齿轮箱低阶模态和振型存在显著的区别。因此,当弹性支撑参数有较大的变动时必须对风电机组的动力学特性进行重新校核和评估。

表 5.4　不同边界条件下某机型齿轮箱的固有频率

阶数	额定工况/Hz	振型描述	额定无弹性支撑/Hz	振型描述
1	7.0	整体 X 向移动	19.0	整体绕 Y 轴摆动
2	9.8	整体绕 Y 轴摆动	63.5	行星架 X 向移动
3	11.8	整体绕 Z 轴摆动	83.1	整体绕 Z 轴摆动
4	46.8	整体 X 向移动	93.0	整体 X 向移动
5	86.0	行星架 X 向移动	139.5	行星架 Z 向移动
6	124.4	行星架 Z 向移动	151.8	行星架绕 X 轴摆动
7	141.8	箱体 X 向移动	172.0	行星架绕 Y 轴摆动
8	156.2	行星架绕 X 轴摆动	172.2	行星架绕 Z 轴摆动
9	169.3	行星架绕 Y 轴摆动	179.3	箱体 X 向移动
10	185.9	行星架绕 Z 轴摆动	195.7	高速输入轴 X 向移动
11	192.4	高速输入轴 X 向移动		

3) 箱体柔性

简化的传动系统动力学分析中,齿轮箱箱体往往采用刚体。而要求更高的动力学分析中,箱体则要做柔性体考虑。本节以某风电机组齿轮箱箱体分别为刚体和柔性体时,对其传动系统进行动力学分析,并筛选出振动能量较大的频率,结果如表 5.5 所示。可以看出:齿轮箱箱体是否为柔性体对风电机组低频模态影响较小,如前 7 阶基本相同;箱体作为柔性体考虑时,在分析范围内振动能量较大的频率特征只有 31 个,少于箱体为刚体考虑时的 35 个,个数的减少意味着潜在共振的风险点减少;箱体作为柔性体考虑时,减少的潜在共振点主要为箱体、行星轮和高速级大齿轮,如果以刚体考虑时分析得到的潜在共振点分布在这几个部件,建议把箱体考虑成柔性体再进行进一步的分析。

表 5.5　某风电机组传动系统模态分析结果

阶数	箱体为刚体/Hz	能量集中部件	箱体为柔性体/Hz	能量集中部件
f_NO1	1.4	发电机转子	1.4	发电机转子
f_NO2	2.4	叶片、发电机转子	2.4	叶片、发电机转子
f_NO3	4.0	发电机定子	4.0	发电机定子

续表

阶数	箱体为刚体/Hz	能量集中部件	箱体为柔性体/Hz	能量集中部件
f_NO4	5.4	叶片	5.4	叶片
f_NO5	10.0	叶片	10.0	叶片
f_NO6	16.0	叶片	16.0	叶片
f_NO7	23.0	叶片	23.6	叶片
f_NO8	23.6	叶片	30.2	叶片
f_NO9	32.3	叶片	32.3	叶片
f_NO10	42.7	叶片	42.7	叶片
f_NO11	43.9	联轴器	43.9	联轴器
f_NO12	54.9	叶片	54.9	叶片
f_NO13	68.5	叶片	68.5	叶片
f_NO14	77.6	箱体	—	—
f_NO15	83.6	叶片	83.6	叶片
f_NO16	100.4	叶片	100.4	叶片
f_NO17	118.8	叶片	118.8	叶片
f_NO18	138.7	叶片	138.7	叶片
f_NO19	146.8	高速级大齿轮	144.1	高速级大齿轮
f_NO20	160.1	叶片	160.1	叶片
f_NO21	184.3	叶片	184.3	叶片
f_NO22	209.6	叶片	209.6	叶片
f_NO23	225.6	行星架	224.4	行星架
f_NO24	238.0	叶片	238.0	叶片
f_NO25	305.0	叶片	305.0	叶片
f_NO26	329.5	高速级大齿轮	—	—
f_NO27	334.8	联轴器	334.7	联轴器
f_NO28	—	—	424.3	箱体
f_NO29	519.5	行星轮	—	—
f_NO30	551.0	联轴器	551.0	联轴器
f_NO31	609.3	行星轮	680.3	行星轮
f_NO32	815.5	行星轮	—	—
f_NO33	859.7	主轴	841.8	主轴
f_NO34	1520.3	行星轮	—	—
f_NO35	1526.0	行星轮	1528.5	行星轮
f_NO36	1774.8	高速级输入轴	1679.1	高速级输入轴

5.3　风电机组运行环境下齿轮箱振动测试研究

5.3.1　测试概述

　　针对某齿轮箱在风场运行环境下进行振动测试。本测试设置采样频率为5120Hz,采样时间为 5 天,同步采集机组风速、转速、功率等系统监测数据,从中提取出如表 5.6 所示的 6 个工况数据进行分析,其中工况 1~5 为稳态工况,工况 6 为启动工况。振动测试采集信号的传感器采用加速度传感器和位移传感器,传感器布点位置分布如表 5.7 所示。

表 5.6　风机测试工况

序号	风速/(m/s)	转速/(r/min)	功率/kW	序号	风速/(m/s)	转速/(r/min)	功率/kW
工况 1	7	1650	800	工况 4	13	1750	2000
工况 2	9	1750	1500	工况 5	15	1750	2000
工况 3	11	1750	2000	工况 6	6.5	0~1500	0~700

表 5.7　传感器布点位置

测量对象	传感器类型	传感器型号	测量方向	布点位置描述
齿轮箱顶部	加速度	356A16	$X/Y/Z$	V6:靠近联轴器端的齿轮箱顶部
齿轮箱顶部	加速度	356A16	$X/Y/Z$	V9:靠近主轴端的齿轮箱顶部
齿轮箱扭力臂	位移	TE1-101-25	X	D1:齿轮箱左侧扭力臂端部
齿轮箱扭力臂	位移	TE1-101-25	Y	D2:齿轮箱左侧扭力臂端部
齿轮箱扭力臂	位移	TE1-101-25	Z	D3:齿轮箱左侧扭力臂端部
齿轮箱扭力臂	位移	TE1-101-25	Z	D4:齿轮箱右侧扭力臂端部

5.3.2　齿轮箱顶部振动加速度分析

　　对齿轮箱顶部振动加速度测点进行 0~2000Hz 带宽 FFT 频谱分析,以工况 1 (7m/s 风速)为例,参考 GB/Z 25426—2010《风力发电机组　机械载荷测量》工况划分要求,取平均风速为 7m/s 的 10min 样本数据进行分析,结果如图 5.8 所示。

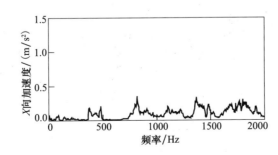

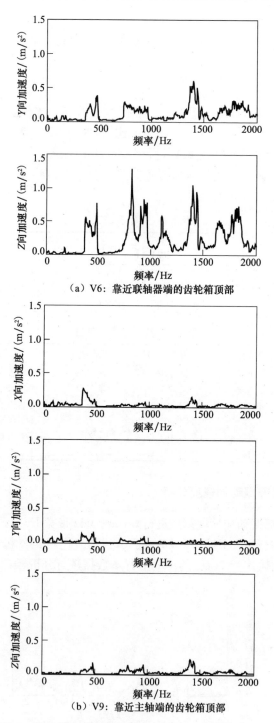

（a）V6：靠近联轴器端的齿轮箱顶部

（b）V9：靠近主轴端的齿轮箱顶部

图 5.8　齿轮箱顶部测点频谱图（10min，平均风速 7m/s）

从图 5.8 中可以看出,齿轮箱顶部振动加速度能量主要分布在 200Hz 以上的中高频率段,且靠近联轴器端的 V6 测点振动比靠近主轴端的 V9 测点振动大;而对于 V6 测点,Z 向振动最大,Y 向次之,X 向最小。

此外,虽然选取了平均风速为 7m/s 的 10min 数据,但由于在这段时长内风速在一定范围内不断波动,引起传动系统工作转速和工作频率随之偏移和变化,所以频谱中的单峰值频率呈宽胖形态,如果要得出精细谱线,需要降低分析样本的时长,使其更接近稳态工况。

由前文分析可知,齿轮箱顶部振动加速度大部分能量分布在 200Hz 以上的中高频率段,这些频率振动主要对齿轮啮合和轴承寿命产生影响,但对机组整体及其他机械设备影响很小,反而是 200Hz 以下的中低频振动对机组结构寿命影响更大,因此还需针对 0~200Hz 频率段进行分析。

以工况 3(11m/s 风速)为例,选取 1min 样本数据进行均方根值(RMS)和 FFT 分析,结果如表 5.8 和图 5.9 所示。从图中可以看出,齿轮箱顶部振动加速度能量主要集中在 22Hz、29Hz、119Hz 几个频率点处,且 Y 向振动大于 X 向和 Z 向。对于 X 向,靠近联轴器端的 V6 测点振动和靠近主轴端的 V9 测点振动量级相差不大;对于 Y 向和 Z 向,V6 测点在 22Hz、29Hz 处的振动明显大于 V9 测点,而在 119Hz 处前者明显小于后者。

表 5.8　0~200Hz 振动加速度的 RMS(单位:g)

工况风速	V6:靠近联轴器端的齿轮箱顶部			V9:靠近主轴端的齿轮箱顶部		
	X	Y	Z	X	Y	Z
7m/s	0.018	0.031	0.026	0.022	0.034	0.013
9m/s	0.017	0.025	0.022	0.020	0.029	0.011
11m/s	0.019	0.033	0.021	0.021	0.036	0.015
13m/s	0.019	0.031	0.020	0.022	0.032	0.017
15m/s	0.019	0.031	0.021	0.021	0.033	0.015

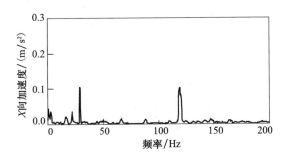

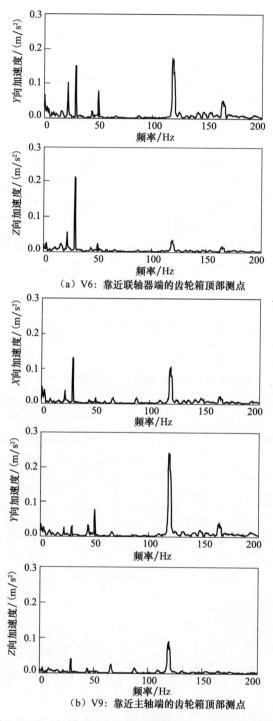

（a）V6：靠近联轴器端的齿轮箱顶部测点

（b）V9：靠近主轴端的齿轮箱顶部测点

图 5.9　11m/s 风速下齿轮箱顶部测点 0～200Hz 频谱图

对齿轮箱顶部 V6 测点在 11m/s、13m/s、15m/s 三种风速下进行振动对比,如图 5.10 所示。从图中可以看出,在达到满发风速 9.5m/s 之后,齿轮箱顶部振动随风速变化而保持相对稳定。

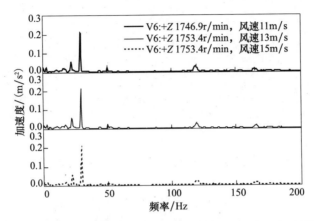

图 5.10　齿轮箱顶部 V6 测点在 11m/s、13m/s、15m/s 三种风速下的振动对比

为了分析齿轮箱振动随高速轴转速升高而变化的规律,在 6.5m/s 风速下进行启动工况(工况 6)测试,高速轴转速随时间变化曲线如图 5.11 所示。以靠近联轴器端的齿轮箱顶部 V6 测点 Z 向为例,振动加速度随转速变化的阶次谱云图如图 5.12 所示。从图中可以看出,风电机组启动过程中,转速随时间变化呈波动上升趋势,且呈显著的阶次特性。

在启动工况下,齿轮箱顶部振动加速度随时间变化的频谱云图如图 5.13 所示,均方根值随时间变化的曲线如图 5.14 所示。从图中可以看出,齿轮箱振动也随时间呈波动上升趋势,尤其是 Y 向波动更为明显,在某些时间点出现较明显的峰值。

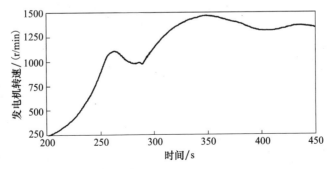

图 5.11　启动工况下高速轴转速随时间的变化曲线

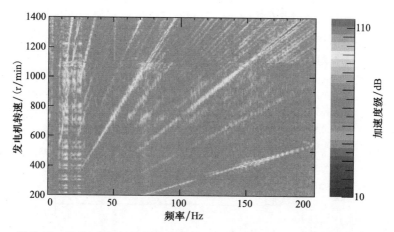

图 5.12　启动工况下 V6 测点 Z 向振动加速度随转速变化的阶次谱云图

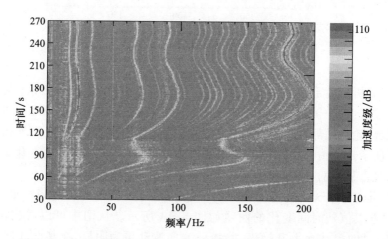

图 5.13　启动工况下 V6 测点 Z 向振动加速度随时间变化的频谱云图

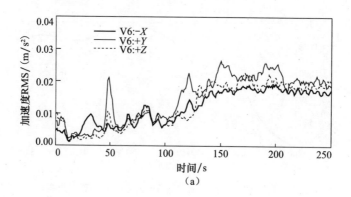

（a）

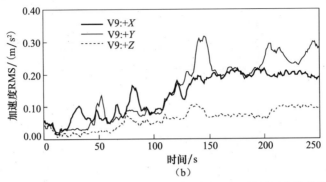

图 5.14　启动工况下 V6 和 V9 测点加速度 RMS 随时间变化曲线

5.3.3　扭力臂振动位移分析

齿轮箱在叶轮及主轴动静态扭矩作用下呈现扭转振动,可通过在两侧扭力臂端部布置位移传感器进行静态位移和动态位移测试分析,该位移也直接作用于齿轮箱弹性支撑上。其中,在沿主轴旋转方向向下对弹性支撑施加载荷所在侧的齿轮箱扭力臂端部 X、Y、Z 向布置 3 个位移传感器,在另一侧扭力臂端部 Z 向布置 1 个位移传感器。

在启动工况下,齿轮箱扭力臂三向位移随时间变化的曲线如图 5.15 所示。从图中可以看出,扭力臂在主轴静态扭矩作用下产生较大的 Z 向静态位移,在动态扭矩作用下产生较大的 X 向和 Z 向动态位移。

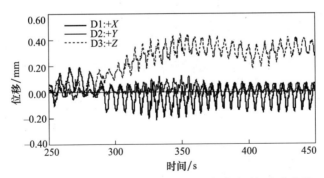

图 5.15　启动工况下扭力臂三向位移随时间变化曲线

在工况 1(11m/s 风速)下,齿轮箱扭力臂三向位移频谱如图 5.16 所示;在工况 2~5 下,静态位移幅值和动态位移峰峰值如表 5.9 所示。从图表中可以看出,扭力臂振动位移主要频率成分为 0.22Hz 和 0.66Hz,分别为主轴转速的基频和 3 倍频。

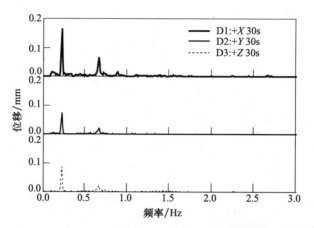

图 5.16　11m/s 风速下扭力臂振动位移频谱

表 5.9　齿轮箱扭力臂位移峰峰值测试结果

序号	风速 /(m/s)	静态位移幅值/mm			动态位移峰峰值/mm		
		X	Y	Z	X	Y	Z
工况 2	9	−0.60	0.05	0.85	0.36	0.14	0.21
工况 3	11	−0.34	0.08	1.00	0.51	0.23	0.27
工况 4	13	−0.31	0.07	0.98	0.48	0.17	0.25
工况 5	15	−0.18	0.05	0.98	0.45	0.24	0.31

5.4　齿轮箱旋转零部件模态测试

5.4.1　边界条件

模态试验主要是为了获得试验对象的自由模态参数,因此试验边界条件的设置应尽量使试验对象处于自由状态,一般应保证结构刚体模态频率小于结构第一阶固有模态频率的 20% 或 10%,这样测试的结果才比较可信。对于一般的弹性支撑物体,假设其刚度是一个固定值,则结构刚体模态频率可通过下面的公式进行估算:

$$f = \frac{1}{2\pi}\sqrt{\frac{g}{\delta}} \tag{5.20}$$

式中,g 是重力加速度,δ 是弹性支撑物体的变形量。

5.4.2　高速输出轴

在满足边界条件的基础上,根据试验现场实际情况对高速输出轴采用一点悬挂式支撑,悬挂介质选择尼龙绳,悬挂的状态如图 5.17 所示。

试验采用锤击的激励方式,对于这种方式,目前模态测试方法主要有多点激励多点响应方法(MIMO)、多点激励一点响应方法(MISO)以及单点激励多点响应方法(SIMO)等。考虑到软件的配置情况以及现场操作的方便性,在试验中采用多点

图 5.17　高速输出轴边界条件(一点悬挂式支撑)

激励一点响应方法,即在众多的测点中选择一个响应点布置加速度传感器作为信号的输出,同时用力锤依次敲击所有测点作为信号的输入,利用输入输出信号之间的传递函数来识别模态参数。在这种方法中,加速度传感器的布置关系到试验的成败,其基本布置原则是选择振动响应较大的测点,避开关心模态的节点和节线位置。但根据实际现场测试软件建模的需要,轻微做了调整,共选择了 64 个测点,其中第 1 号测点为参考点,布置三向传感器,Z 向沿轴向,X 向沿径向。实际布点图和模型布点图分别如图 5.18 和图 5.19 所示。

图 5.18　高速输出轴
实际布点图

　　高速输出轴共有 64 个测点,力锤每敲击一个测点,就会同时产生力信号数据和加速度信号数据,这样就有 128 组数据。为减小人为操作误差,除了避免力锤连击现象,还采用对每一测点敲击三次取平均的数据采集方式。信号数据的质量直接影响后续模态参数的识别,下面选取第 63 号测点的数据进行分析。

　　图 5.20 中,上面的曲线为加速度信号,下面的曲线为对应的力信号。由该图可以看出,加速度信号逐渐衰减,且基本对称于横坐标轴;力信号较窄且相对幅值较大,基本接近于脉冲信号。因此,从时域波形来看,信号数据的质量是比较好的。

　　图 5.21 分别为对应图 5.20 中加速度和力信号的频域曲线。由图 5.21 可知,加速度频域曲线在关心的 2500Hz 频率范围内波峰清晰可辨;力信号频域曲线在低频范围内也比较饱满。因此,从频域波形来看,信号数据的质量是比较好的。

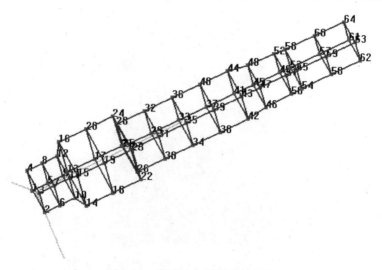

图 5.19　高速输出轴模型布点图

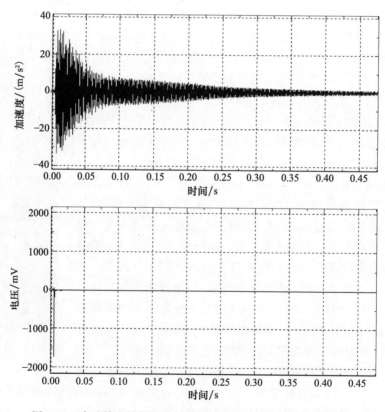

图 5.20　高速输出轴信号数据的时域波形(采样频率为 5120Hz)

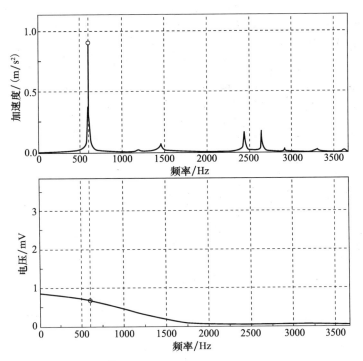

图 5.21　高速输出轴信号数据的频域波形(0~3000Hz)

图 5.22 为力信号与加速度信号传递函数和相干函数的曲线,两组信号的相干性较好,这说明结构的响应是由激励引起的,因而也说明选用的力锤锤头满足测试要求。

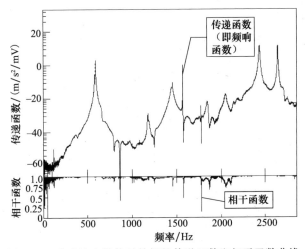

图 5.22　高速输出轴信号数据的传递函数和相干函数曲线

对试验采集到的 64 组数据利用模态分析软件中的集总平均法进行模态参数筛选,结果如图 5.23 所示,筛选出前 2500Hz 内的模态频率,并对筛选出的频率进行模态拟合。图 5.24 为模态拟合结果（实线）和理论结果（虚线）的对比图，可以看出拟合结果是比较可靠的。

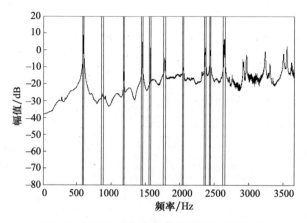

图 5.23　高速输出轴模态筛选图（集总平均法）

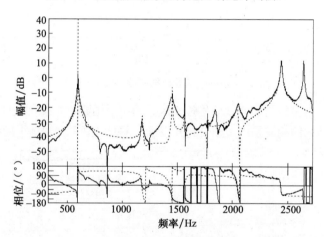

图 5.24　高速输出轴模态拟合结果与理论结果的对比

根据前面筛选出的前 2500Hz 内的模态频率，与第一种高速输出轴有限元计算结果进行比较，结果如表 5.10 所示。

表 5.10　高速输出轴有限元计算和试验模态频率结果对比（0～2500Hz）

阶数	有限元计算结果/Hz	试验结果/Hz	试验模态阻尼/%	结果对比/%
1	595.100	590.599	0.354	0.76
2	1459.500	1449.623	0.160	0.68
3	1584.800	1564.818	0.016	1.28
4	2451.900	2432.786	0.164	0.78

　　由表 5.10 可知,试验模态结果与有限元模态计算结果吻合得很好(差别在 5% 以内),两种方式得到了相互验证,这一点也可以从图 5.25~图 5.28 所示的振型图中得到进一步证实。图 5.25~图 5.28 为高速输出轴在 2500Hz 内的试验模态振型图,其低阶模态振型图与对应的有限元计算模态振型图基本一致。

　　图 5.29 为模态置信(modal assurance criterion, MAC)矩阵,MAC 矩阵是评价模态向量空间交角的一个很好的方法,其公式表达为

$$\text{MAC}_{ij} = \frac{(\phi_i^{\text{T}} \cdot \phi_j)^2}{(\phi_i^{\text{T}} \cdot \phi_i) \cdot (\phi_j^{\text{T}} \cdot \phi_j)} \tag{5.21}$$

式中,ϕ_i 和 ϕ_j 分别是第 i 阶和第 j 阶模态振型向量。

　　MAC 矩阵非对角元是 0 和 1 之间的数,$\text{MAC}_{ij} = 1(i \neq j)$ 表示第 i 阶和第 j 阶模态向量交角为 0,两个向量不可分辨,$\text{MAC}_{ij} = 0(i \neq j)$ 表示第 i 阶和第 j 阶模态

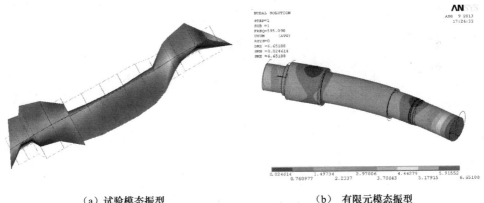

　　　　(a) 试验模态振型　　　　　　　　　　(b) 有限元模态振型

图 5.25　第一阶

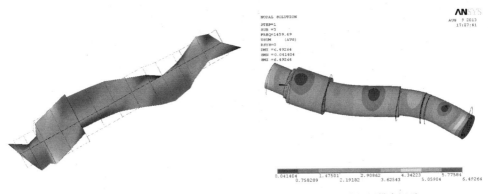

　　　　(a) 试验模态振型　　　　　　　　　　(b) 有限元模态振型

图 5.26　第二阶

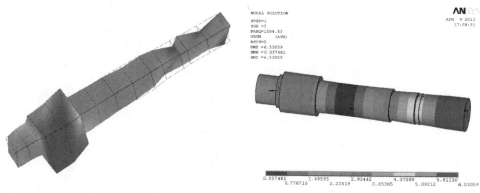

（a）试验模态振型　　　　　　　　　（b）有限元模态振型

图 5.27　第三阶

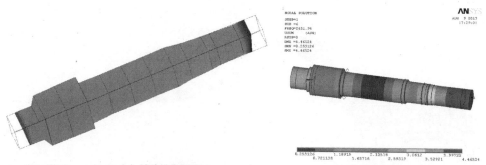

（a）试验模态振型　　　　　　　　　（b）有限元模态振型

图 5.28　第四阶

	588.7	863.5	1180.1	1450.3	1564.7	1772.9	2040.2	2362.1	2432.6
2432.6	0.02	0.36	0.07	0.04	0.16	0.05	0.08	0.04	1.00
2362.1	0.09	0.11	0.62	0.07	0.08	0.07	0.09	1.00	0.04
2040.2	0.13	0.44	0.26	0.04	0.19	0.05	1.00	0.09	0.08
1772.9	0.73	0.15	0.08	0.25	0.11	1.00	0.05	0.07	0.05
1564.7	0.05	0.22	0.14	0.14	1.00	0.11	0.19	0.08	0.16
1450.3	0.28	0.13	0.04	1.00	0.14	0.25	0.04	0.07	0.04
1180.1	0.03	0.08	1.00	0.04	0.14	0.08	0.26	0.62	0.07
863.5	0.10	1.00	0.08	0.13	0.22	0.15	0.44	0.11	0.36
588.7	1.00	0.10	0.03	0.28	0.05	0.73	0.13	0.09	0.02

图 5.29　MAC 矩阵图

向量交角为 90°,即两向量相互正交,可以很容易识别,所以测点布置应使 MAC 矩阵的非对角元素最小。相互正交的 MAC 矩阵非对角元素越小,说明各阶计算振型独立性越好,传感器配置效果越好;反之则各阶计算振型相关性越大,传感器配置效果越差。由图 5.29 可知,MAC 矩阵非对角线的值大部分都比较小,这说明模态测试试验结果可信度高。

通过对某齿轮箱零部件的模态试验结果进行分析可得以下结论:模态试验结果与有限元计算结果吻合性较好,这说明动力学建模中各轴柔性体模型的准确度高;本次试验的边界条件能较好地反映出被测物体的自由模态属性。

第6章 风电机组叶轮不平衡特性研究

近年来,风能作为一种新的、安全可靠的、清洁的能源而受到国际上风资源丰富国家的关注与大规模开发,发展风电也是我国实施能源可持续发展战略的重要措施。随着单台风电机组的容量越来越大,叶轮直径越来越长,风电机组的柔性也越强,叶轮不平衡故障的影响也越来越受到重视,如引起风电机组整体的巨大振动、传动系统振动、部件疲劳应力增加等。而风沙磨损、叶片结冰、叶片内部填充材料松动等均可能导致叶轮质量不平衡。

针对风电机组的叶轮不平衡故障,很多学者开展了相关研究。德国 ISET 研究所在试验中发现,可以通过发电机的电功率信号来检测风力机的质量不平衡故障,但未对该诊断方法提供理论解释。奥地利林茨大学 Ronny 等分析了由叶轮质量不平衡与气动力不对称故障引起的风电机组振动特征,并通过反向工程研究方法识别叶轮不平衡质量的大小与方位。清华大学 Jiang 等针对三种不平衡故障,即质量不平衡、气动力不对称和偏航不对中进行了试验,采用基于振动频谱分析的方法对质量不平衡引起的主轴振动进行了研究。华中科技大学杨涛等对叶轮不平衡故障包括叶轮质量不平衡故障与气动力不对称故障进行了仿真,指出质量不平衡故障状态下电功率的波动是由不平衡质量块的重力引起叶轮输出扭矩的波动造成的,而气动力不对称故障状态下,由于塔架的振动引起叶片所受气动力发生波动,进而引起扭矩的波动,最终导致电功率的波动,即气动力模型与塔架振动模型是耦合的。上海电气集团股份有限公司郭元超等通过算例分析,比较了不同叶轮最大质量偏心矩情况下的风电机组各重要载荷点处的等效疲劳载荷变化情况,说明叶轮质量不平衡对疲劳载荷的严重影响。

以上关于叶轮不平衡研究主要基于两类方法:一类是基于振动的故障诊断方法,该方法需要安装大量传感器,可靠性不高,成本也非常高;另一类是基于仿真分析的计算方法,故障建模与仿真可以对故障的形成机理与影响有更深刻的认识,易于对不同故障信号进行计算和对比,但此类仿真都是基于风电机组的物理参数,没有考虑风电机组的动态特性,也没有考虑风电机组叶轮、传动系统、塔筒等相互之间的连接关系和耦合作用,因而仿真只能针对电功率这一物理量进行。

本章首先在理论上推导风电机组叶轮不平衡质量矩的大小对电功率造成的影响,基于 SIMPACK 建立风电机组实物仿真模型,对不平衡质量块在叶轮的位置分布和不同大小质量块加载到同一叶片相同位置处进行仿真,分别研究其对发电机功率、转速、载荷、叶片变桨的影响。

6.1　风电机组质量不平衡

图 6.1 为三叶片的风电机组,叶轮以 ω 的速度顺时针方向旋转,假定叶片 1 的初始位置为正上方,当叶轮以 ω 的速度转过 ωt 的角度后,此时叶轮的质量矩为

$$T_g = G_1 r_1 \sin(\omega t) + G_2 r_2 \sin\left(\omega t + \frac{2\pi}{3}\right) + G_3 r_3 \sin\left(\omega t - \frac{2\pi}{3}\right) \tag{6.1}$$

把式(6.1)展开后可推得

$$T_g = \left(G_1 r_1 - \frac{1}{2}G_2 r_2 - \frac{1}{2}G_3 r_3\right)\sin(\omega t) + \frac{\sqrt{3}}{2}(G_2 r_2 - G_3 r_3)\cos(\omega t) \tag{6.2}$$

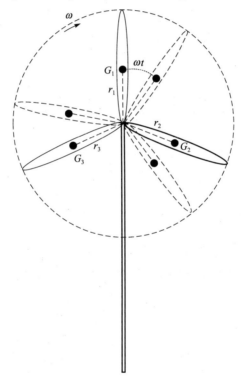

图 6.1　风电机组叶轮质量分布示意图

下面分几种情况讨论叶轮的不平衡质量矩。

第一种情况:三个叶片质量矩完全相等,$G_1 r_1 = G_2 r_2 = G_3 r_3$,即不存在叶轮质量不平衡。代入式(6.2)得 $T_g = 0$,此时叶轮产生的质量力矩为零。

第二种情况:第一个叶片和第二个叶片质量矩相等,则有

$$G_1 r_1 = G_2 r_2 \neq G_3 r_3 \tag{6.3}$$

把式(6.3)代入式(6.2)可得

$$T_g = (G_1 r_1 - G_3 r_3)\sin\left(\omega t + \frac{\pi}{3}\right) \tag{6.4}$$

第三种情况:第一个叶片和第三个叶片质量矩相等,则有

$$G_1 r_1 = G_3 r_3 \neq G_2 r_2 \tag{6.5}$$

把式(6.5)代入式(6.2)可得

$$T_g = (G_1 r_1 - G_2 r_2)\sin\left(\omega t - \frac{\pi}{3}\right) \tag{6.6}$$

第四种情况:第二个叶片和第三个叶片质量矩相等,则有

$$G_1 r_1 \neq G_3 r_3 = G_2 r_2 \tag{6.7}$$

把式(6.7)代入式(6.2)可得

$$T_g = (G_1 r_1 - G_2 r_2)\sin(\omega t) \tag{6.8}$$

第五种情况:三个叶片质量矩都不相等,则有

$$G_1 r_1 \neq G_3 r_3 \neq G_2 r_2 \tag{6.9}$$

令

$$a_1 = G_1 r_1 - \frac{1}{2}G_2 r_2 - \frac{1}{2}G_3 r_3, \quad a_2 = \frac{\sqrt{3}}{2}(G_2 r_2 - G_3 r_3)$$

则式(6.2)变为

$$T_g = a_1 \sin(\omega t) + a_2 \cos(\omega t) \tag{6.10}$$

假设 $\sin\varphi = \dfrac{a_2}{\sqrt{a_1^2 + a_2^2}}$,$\cos\varphi = \dfrac{a_1}{\sqrt{a_1^2 + a_2^2}}$,则式(6.10)可推导为

$$T_g = \sqrt{a_1^2 + a_2^2}\,\sin(\omega t + \varphi) \tag{6.11}$$

从以上推导可以看出,式(6.4)、式(6.6)和式(6.8)为式(6.11)的特例,即所有叶轮质量不平衡所产生的质量矩都可以用式(6.11)表述。因此,不同情况的叶轮质量平衡所产生的力矩变化周期都与叶轮旋转周期一致,但力矩的幅值和相位存在差异,可以根据幅值的大小和相位值反推叶轮的质量不平衡情况。假设叶轮受到的气动力矩为 T_a,可得叶轮所受的总力矩及发电机电功率分别为

$$T = T_a + T_g \tag{6.12}$$

$$P_e = \frac{\omega(T_a + T_g)}{r} \tag{6.13}$$

式中,P_e 为发电机输出功率,ω 为发电机的同步旋转角速度,r 为齿轮箱传动比。

从式(6.13)可以看出,ω、r 为常数,假定叶轮在旋转过程中气动力矩 T_a 也为一恒定值,则输出功率的变化与叶轮不平衡质量矩成正比,变化周期与不平衡质量矩周期一致。

假设风电机组叶轮和传递系统是绝对刚性的,并经过理想的质量动平衡,因此可以把风电机组的叶轮和机舱整体模拟为刚体,惯性矩为 I,把塔筒模拟为弹簧支

座,刚度为 K,阻尼为 d,则由质量不平衡引起风电机组的运动微分方程为

$$I\ddot{\theta} + d\dot{\theta} + K\theta = T_g \qquad (6.14)$$

方程两边同除以 I,可得

$$\ddot{\theta} + 2\omega_n D\dot{\theta} + \omega_n^2\theta = \frac{T_g}{I_g} \qquad (6.15)$$

式中,$D = \dfrac{d}{2\sqrt{IK}}$ 为阻尼比,$\omega_n = \sqrt{\dfrac{K}{I}}$ 为系统无阻尼自振频率。

式(6.15)的解为

$$\theta = \frac{\sqrt{a_1^2 + a_2^2}}{I\sqrt{(\omega_n^2 - \omega^2)^2 - (2\omega_n\omega D)^2}}\cos(\omega t - \phi) \qquad (6.16)$$

式中,$\phi = \arctan\dfrac{2\omega_n\omega D}{\omega_n^2 - \omega^2}$。

可以看出,质量不平衡下风电机组的振动幅值大小与不平衡力矩幅值大小成正比,因此减少风电机组的不平衡可以减少激振力矩从而减少振动。

6.2　风电机组叶轮不平衡仿真研究

6.2.1　仿真模型

基于上述分析,这里利用 SIMPACK 建立了叶轮质量不平衡模型,拓扑结构如图 6.2 所示。模型包括叶轮、轮毂、主轴、简化齿轮箱模型与发电机模型,通过更改不平衡质量的大小和位置可以研究不同程度、不同叶片的质量不平衡故障对风电机组的影响。

风电机组的受力采用在叶片上施加风载的方式,SIMPACK 中气动力元 FE241 是与空气动力学软件 Aerodyn 的接口,运行时通过与 Aerodyn 联合仿真的形式来计算气动力。变桨控制的仿真则通过力元 FE243(Wind Controller Interface:风电机组控制接口)实现,在叶片和轮毂之间分别增加零质量的虚拟轮毂和虚拟变桨,允许叶片沿轴向旋转,计算时 SIMPACK 直接调用控制模型的动态库 DLL 文件实现变桨控制。为实现变桨控制,SIMPACK 通常将发电机转子的转动速度和发电功率作为输出,而控制程序输出的变桨角作为 SIMPACK 的输入传回 SIMPACK 动力学模型中,从而实现联合仿真。

轮毂和主轴之间通过力元 FE13(弹簧-阻尼旋转测量量)表示它们之间的螺栓连接。主轴与机架之间通过主轴承连接,用力元 FE41(弹簧-阻尼器矩阵)表示。齿轮箱整体作为子结构导入整机模型,力元 FE5(弹簧-阻尼并联单元)表示连接齿轮箱与机架的弹性支撑。联轴器与前后的齿轮箱和发电机均为固接,联轴器各

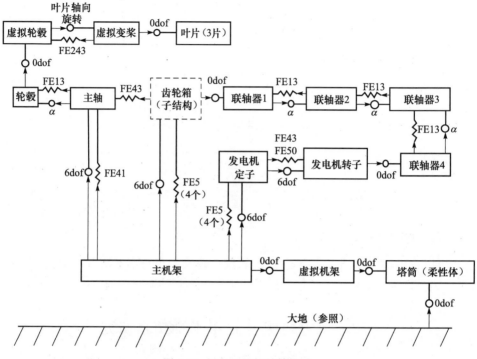

图 6.2　风电机组拓扑结构图

零部件之间的连接只考虑沿轴向旋转的自由度,扭转刚度和阻尼在力元 FE13 中体现。发电机转子和定子之间有轴承和电磁力,分别用力元 FE43(轴瓦)和 FE50 (力扭矩分量式表达单元)表示。同样,力元 FE5 表示连接发电机与机架的弹性支撑。机架底部建立了一零质量的虚拟机架连接塔筒,整台风电机组通过塔筒与地面连接,塔筒采用全柔性体建模,模型首先在有限元软件进行网格划分并建立主节点,然后导入 SIMPACK 模型。

　　其中弹性支撑和联轴器的阻尼计算分别如下。

　　弹性支撑:

$$d = 2D\sqrt{Km_{eq}/n} \tag{6.17}$$

式中,D 为阻尼系数;K 为弹性支撑刚度;n 为弹性支撑数量;m_{eq} 为等效质量,$m_{eq} = \dfrac{I}{r^2}$,r 为旋转力臂半径,I 为旋转方向的转动惯量。

　　对于齿轮箱:

$$I = I_{blades} + I_{mainshaft} + I_{hub} + I_{housing} \tag{6.18}$$

　　对于发电机:

$$I = I_{\text{rotor}} + I_{\text{stator}} \tag{6.19}$$

对于联轴器：

$$d = 2D\sqrt{KI} \tag{6.20}$$

式中，D 为阻尼系数；K 为扭转刚度；I 为转动惯量，其计算依次如下。

联轴器 1：

$$I = I_{\text{coupling1}} + I_{\text{coupling2}} + I_{\text{coupling3}} + I_{\text{coupling4}} + I_{\text{ge\_rotor}}$$

联轴器 2：

$$I = I_{\text{coupling2}} + I_{\text{coupling3}} + I_{\text{coupling4}} + I_{\text{ge\_rotor}}$$

联轴器 3：

$$I = I_{\text{coupling3}} + I_{\text{coupling4}} + I_{\text{ge\_rotor}}$$

联轴器 4：

$$I = I_{\text{coupling4}} + I_{\text{ge\_rotor}}$$

针对本书采用的某风电机组进行仿真，其主要仿真参数如表 6.1 所示。

表 6.1　仿真参数设置

参数	数值
额定功率/MW	2
额定风速/(m/s)	9.5
叶轮直径/m	110
齿轮箱增速比	91
风速/(m/s)	12
叶轮额定转速/(r/min)	13.3

6.2.2　叶轮质量不平衡仿真分析

模型中叶轮不平衡是通过在叶片上施加不同质量块实现的。为了研究叶轮不平衡质量矩位置分布对风电机组的影响，设置了如表 6.2 所示的五种仿真工况。工况 1：对应的是三个叶片的质量完全相等，叶轮处于理想的质量平衡状态。工况 2、3、4：对应的是 200kg 质量分别加到第一、二、三叶片的相同截面上。工况 5：对应的是 400kg、600kg 质量分别加到第二、三叶片上，以与前面四种工况进行对比。所有工况的计算叶片的初始位置对应图 6.1 中的三个叶片位置，第一叶片对应的位置为零位置，方向垂直向上。叶轮沿顺时针方向旋转，本节分析结果图中的 1、2、3、4 和 5 分别对应工况 1、2、3、4 和 5。

表6.2　不平衡质量施加到不同叶片上的仿真工况设置

工况序号	不平衡质量加载情况
1	三个叶片质量相同
2	200kg 质量加到第一叶片上
3	200kg 质量加到第二叶片上
4	200kg 质量加到第三叶片上
5	400kg 质量加到第二叶片上,600kg 质量加到第三叶片上

　　五种不同工况下,仿真时间内的发电机输出功率随时间的变化关系如图 6.3 所示,可以看出,不同工况下的发电机特性曲线存在较大的差别。

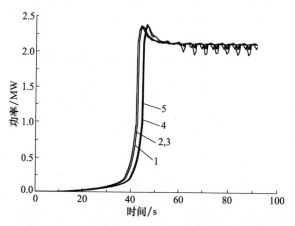

图 6.3　功率曲线(不同叶片上施加相同的质量矩)

　　图 6.4 的局部放大图对应的是发电机功率趋于稳定时的特性曲线,非平衡状态下工况 2、3、4、5 功率的波动范围值明显大于平衡状态工况 1 对应的值,相同的不平衡质量工况 2、3、4 对应的功率波动范围值基本相同,变化周期相等,但存在相位上的差别,这与 6.2.1 节的分析结论完全一致。

　　风电机组某时间段内的发电量对应功率曲线与时间轴所围成的面积,从图 6.5 的进一步分析可知,风电机组启动过程中,在某时间段(0~t)内发电量排序依次为工况 2≈工况 3>工况 1>工况 5>工况 4,可见风电机组在启动过程的发电量不仅与不平衡质量的大小有关,还受其分布位置的影响。

　　由于构成叶轮的三个叶片所受的气动力不相等,随着叶轮的旋转,风电机组受交变的载荷而发生受迫振动,在振动作用下,相对叶轮的来流风速也会发生周期性变化,进而导致气动力的波动,气动力的波动会引起叶轮输出扭矩的波动,最终又会影响发电机端的电功率。电功率波动幅度依次为工况 5>工况 2≈工况 3≈工况 4>工况 1,可见波动幅度的大小与不平衡质量矩相关,不平衡质量矩越大,对应的

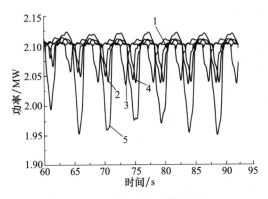

图 6.4　功率曲线的局部放大图

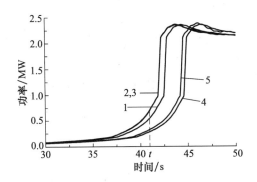

图 6.5　质量不平衡对发电量的影响

电功率波动越大,相等的不平衡质量矩施加到不同叶片上时电功率波动幅度变化不大,叶轮处于平衡状态下时对应的电功率波动则很小。波动周期平均为 4.55s,换算成频率为 0.22Hz,与叶轮稳定时对应的 13.3r/min 转速所对应的频率 0.222Hz 接近,即不平衡质量矩会引起与叶轮转频相同频率下的电功率波动,波动频率与不平衡质量矩大小和位置无关。

　　图 6.6 为发电机输出转速与时间的关系曲线,不同工况下发电机转速-时间曲线也存在一定的差别,工况 4 和 5 的启动过程相对较慢。图 6.7 为转速稳定后的局部放大图,工况 1 叶片处于平衡状态下,转速波动很小;工况 2、3、4 对应相同的质量块加在不同的叶片上,转速波动幅值基本相同;工况 5 的波动幅值明显大于其他工况,可见不平衡质量块位置对波动幅值的影响很小,而不平衡质量块大小对转速波动幅值的影响显著,各工况下转速波动相位都存在一定的差别。

　　图 6.8 为叶片 1 不同工况下的变桨角-时间曲线,由图可知,工况 4 和 5 的变桨启动时间较长。图 6.9 为稳定后的叶片 1 变桨角-时间曲线,各工况下变桨位置波动曲线呈明显的正弦波动,而波动幅值的大小与转速曲线规律一致。工况 1 叶片

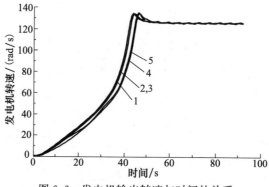

图 6.6　发电机输出转速与时间的关系

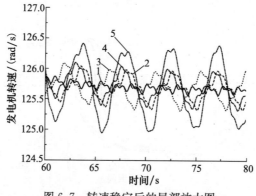

图 6.7　转速稳定后的局部放大图

处于平衡状态下,变桨波动很小;工况 2、3、4 对应相同的质量块加在不同的叶片上,变桨波动幅值基本相同;工况 5 的波动幅值明显大于其他工况,可见不平衡质量块位置对变桨波动幅值的影响很小,而不平衡质量块大小对变桨波动幅值的影响显著,各工况下变桨波动相位都存在一定的差别。

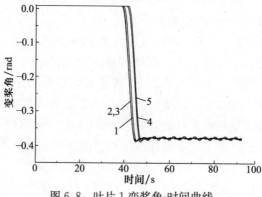

图 6.8　叶片 1 变桨角-时间曲线

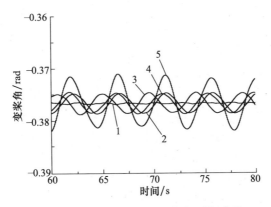

图 6.9　稳定后的叶片 1 变桨角-时间曲线

　　图 6.10 为发电机组稳定后叶片 1 根部法向力-时间曲线,可以看出,不同工况下根部法向力随时间的变化基本类似,区别在于各曲线上的毛刺程度。工况 1 平衡状态对应的曲线上基本无毛刺,工况 2、3、4 的毛刺基本相同,工况 5 的毛刺波动明显增大。毛刺波动的增大意味着根部疲劳载荷的增加,因此叶轮的不平衡程度对叶片根部法向力疲劳载荷有显著影响。

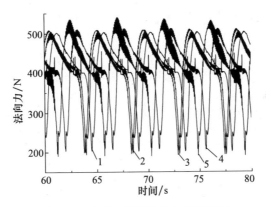

图 6.10　叶片 1 根部法向力-时间曲线

　　图 6.11 为发电机组稳定后叶片 1 根部切向力-时间曲线,可以看出,不同工况下根部切向力随时间的变化基本类似,区别在于各曲线上的毛刺程度。工况 1 平衡状态对应的曲线上基本无毛刺,工况 2、3、4 的毛刺基本相同,工况 5 的毛刺波动明显增大。毛刺波动的增大意味着根部疲劳载荷的增加,因此叶轮的不平衡程度对叶片根部切向力疲劳载荷有显著影响。

　　图 6.12 为发电机组稳定后叶片 1 根部力矩-时间曲线,可以看出,不同工况下根部力矩随时间的变化基本类似,区别在于各曲线上的毛刺程度。工况 1 平衡状

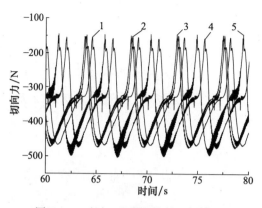

图 6.11　叶片 1 根部切向力-时间曲线

态对应的曲线上基本无毛刺,工况 2、3、4 的毛刺基本相同,工况 5 的毛刺波动明显增大。毛刺波动的增大意味着根部疲劳载荷的增加,因此叶轮的不平衡程度对叶片根部力矩疲劳载荷有显著影响。

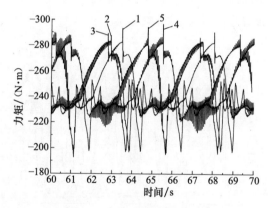

图 6.12　叶片 1 根部力矩-时间曲线

　　为了研究叶轮不平衡质量矩大小对风电机组的影响,设置了如表 6.3 所示的五种仿真工况,工况 1～5 分别对应的是 200kg、400kg、600kg、800kg、1000kg 的质量分别加到第三叶片上相同的位置,所有工况的计算叶片的初始位置对应图 6.1 中的三个叶片位置,第一个叶片对应的位置为零位置,方向垂直向上。叶轮沿顺时针方向旋转,本节分析结果图中的 1、2、3、4 和 5 分别对应的是工况 1、2、3、4 和 5。

表 6.3　不平衡质量施加到相同叶片上的仿真工况设置

工况	不平衡质量加载情况
1	200kg 质量加到第三叶片上

工况	不平衡质量加载情况
2	400kg 质量加到第三叶片上
3	600kg 质量加到第三叶片上
4	800kg 质量加到第三叶片上
5	1000kg 质量加到第三叶片上

图 6.13 为五种工况下风电机组稳定后的电功率波动幅度与不平衡质量大小的关系曲线,可以看出,电功率波动幅度与不平衡质量近似呈线性关系,随着不平衡质量的增大,电功率波动幅值呈比例增加。

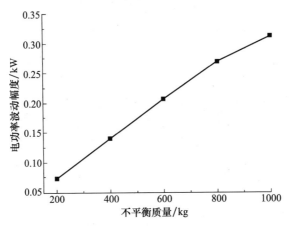

图 6.13　不同不平衡质量下对应的发电机功率波动

五种不同质量下的发电机输出功率随时间变化的关系如图 6.14 所示,可以看出,不同工况下的发电机特性曲线还是存在较大差别的。图 6.15 对应的是发电机功率趋于稳定时的特性曲线,随着不平衡质量矩的增加,电功率波动幅值增大。风电机组某时间段内的发电量对应功率曲线与时间轴所围成的面积,对图 6.14 的进一步分析可知,风电机组启动过程中,在某时间段$(0 \sim t)$内发电量排序依次为工况 1＞工况 2＞工况 3＞工况 4＞工况 5,可见风电机组在启动过程的发电量与不平衡质量的大小有关,不平衡质量越大,启动过程发电量越小,即风电机组的质量不平衡会直接影响其启动过程发电量。波动周期平均为 4.55s,换算成频率为 0.22Hz,与叶轮稳定时对应的 13.3r/min 转速所对应的频率 0.222Hz 接近,即不平衡质量矩会引起与叶轮转频相同频率下的电功率波动,波动频率与不平衡质量矩大小无关。此外,电功率波动的相位也存在差别,这是由于质量的不平衡会改变叶片的气动力,从而导致相位偏差。

图 6.16 为不同工况下的发电机转速曲线,随着不平衡质量的增加,工况 1～5

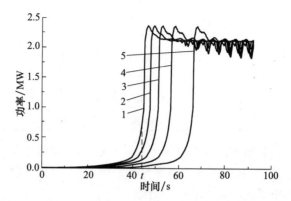

图 6.14　发电机输出功率随时间变化的关系曲线

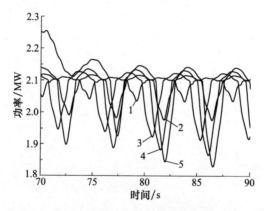

图 6.15　稳定后的发电机功率曲线

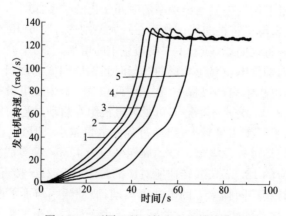

图 6.16　不同工况下的发电机转速曲线

的发电机转速启动速度依次减慢,即不平衡质量矩越大,发电机组启动所需的时间越长。图 6.17 为发电机组稳定后的转速曲线,可以看出,不同工况下曲线波动周期一致,波动幅度随不平衡质量矩的增加而增大。

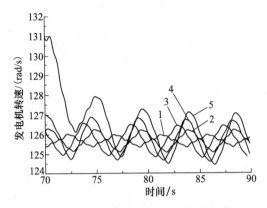

图 6.17　发电机组稳定后的转速曲线

图 6.18 为不同工况下发电机组的叶片 1 变桨角-时间曲线,随着不平衡质量的增加,工况 1~5 的发电机变桨启动依次减慢,即不平衡质量矩越大,发电机组变桨启动所需的时间越长。图 6.19 为发电机组稳定后的叶片 1 变桨角-时间曲线,由图可知,不同工况下曲线波动周期一致,波动幅度随不平衡质量矩的增加而增大。

图 6.20 为发电机组稳定后五种工况下的叶片 1 根部法向力-时间曲线。从图中可以看出,波动的最大值从工况 1 到工况 5 依次增加,最大值的变化意味着根部法向力的极限载荷增加,可见不平衡质量矩越大,叶片根部法向力极限越大。此外,从工况 1 到工况 5,曲线的毛刺波动幅度也是增大的,毛刺波动幅值影响疲劳载荷,可见不平衡质量矩越大,叶片根部法向力疲劳载荷也越大。

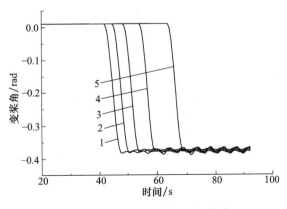

图 6.18　叶片 1 变桨角-时间曲线

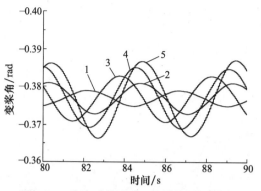

图 6.19　稳定后的叶片 1 变桨角-时间曲线

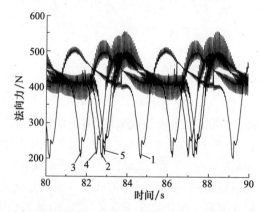

图 6.20　稳定后的叶片 1 根部法向力-时间曲线

　　图 6.21 为发电机组稳定后五种工况下的叶片 1 根部切向力-时间曲线,从图中可以看出,波动的最大值从工况 1 到工况 5 依次增加,最大值的变化意味着根部

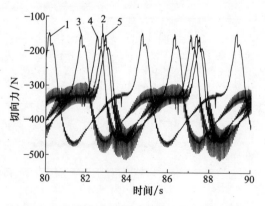

图 6.21　稳定后的叶片 1 根部切向力-时间曲线

切向力的极限载荷增加,可见不平衡质量矩越大,叶片根部切向力极限越大。此外,从工况 1 到工况 5,曲线的毛刺波动幅度也是增大的,毛刺波动幅值影响疲劳载荷,可见不平衡质量矩越大,叶片根部切向力疲劳载荷也越大。

图 6.22 为风电机组稳定后五种工况下的叶片 1 根部力矩-时间曲线,从图中可以看出,波动的最大值从工况 1 到工况 5 依次增加,最大值的变化意味着根部力矩极限值增加,可见不平衡质量矩越大,叶片根部力矩极限越大。此外,从工况 1 到工况 5,曲线的毛刺波动幅度也是增大的,毛刺波动幅值影响疲劳载荷,可见不平衡质量矩越大,叶片根部力矩疲劳载荷也越大。

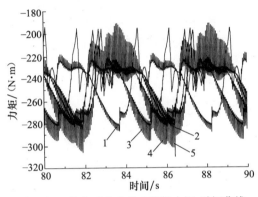

图 6.22 稳定后的叶片 1 根部力矩-时间曲线

6.2.3 叶轮气动不平衡仿真分析

1. 不同初始变桨角的影响

为了研究不同初始变桨角下叶轮气动不平衡力对风电机组的影响,设置了如表 6.4 所示的四种仿真工况,工况 1～4 分别对应的是 5°、10°、15°和 20°的桨叶初始角分别加到第一叶片上,所有工况的计算叶片的初始位置对应图 6.1 中的三个叶片位置,第一叶片对应的位置为零位置,方向垂直向上。叶轮沿顺时针方向旋转,本节分析结果图中的 1、2、3 和 4 分别对应的是工况 1、2、3 和 4。

表 6.4 不同的初始变桨角施加到相同叶片上的仿真工况设置

工况	不平衡载荷加载情况
1	第一个叶片初始桨叶位置为 5°
2	第一个叶片初始桨叶位置为 10°
3	第一个叶片初始桨叶位置为 15°
4	第一个叶片初始桨叶位置为 20°

　　四种不同初始变桨角下的发电机输出功率随时间的变化关系如图 6.23 所示，由图可以看出，不同工况下的发电机特性曲线还是存在较大差别的。图 6.24 对应的是发电机功率趋于稳定时的特性曲线，由图可知，随着初始变桨角的增加，电功率波动幅值增大。风电机组某时间段内的发电量对应功率曲线与时间轴所围成的面积，对图 6.25 的进一步分析可知，风电机组启动过程中，在某时间段(0~t)内发电量排序依次为工况 1>工况 2>工况 3>工况 4，可见风电机组在启动过程的发电量与初始变桨角的大小有关，初始变桨角越大，启动过程发电量越小，即风电机组的初始变桨角会直接影响其启动过程发电量。波动周期平均为 4.55s，换算成频率为 0.22Hz，与叶轮稳定时对应的 13.3r/min 转速所对应的频率 0.222Hz 接近，即初始变桨角的存在会引起与叶轮转频相同频率下的电功率波动，波动频率与初始变桨角的大小无关。此外，电功率波动的相位也存在差别，这是由于初始变桨角会改变叶片的气动力，从而导致相位偏差。

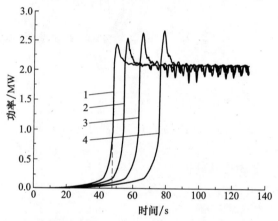

图 6.23　不同初始变桨角下发电机输出功率随时间的变化关系

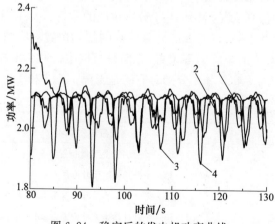

图 6.24　稳定后的发电机功率曲线

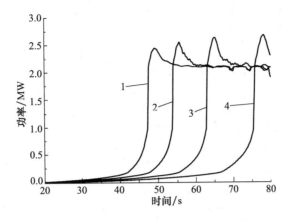

图 6.25　发电机功率曲线局部放大图

图 6.26 为不同工况下的发电机转速曲线,随着初始变桨角的增加,工况 1～4 的发电机转速启动速度依次减慢,即初始变桨角越大,发电机组启动所需的时间越长。图 6.27 为发电机组稳定后的转速曲线,不同工况下曲线波动周期一致,波动幅度随初始变桨角的增加而增大。

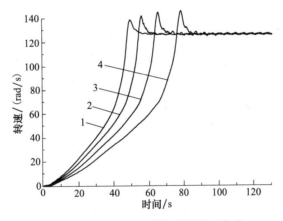

图 6.26　不同工况下的发电机转速曲线

图 6.28 为不同工况下发电机组的叶片变桨角-时间曲线,由图可知,随着初始变桨角的增加,工况 1～4 的发电机变桨启动依次减慢,即初始变桨角越大,发电机组变桨启动所需的时间越长。图 6.29 为发电机组稳定后的叶片变桨角-时间曲线,由图可知,不同工况下曲线波动周期一致,波动幅度随初始变桨角的增加变化不大,即初始变桨角的变化对变桨波动影响较小。

图 6.30 为风电机组稳定后四种工况下的叶片 1 根部法向力-时间曲线,从图中可以看出,波动的最大值从工况 1 到工况 4 依次增加,最大值的变化意味着根

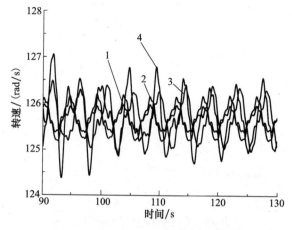

图 6.27　发电机组稳定后的转速曲线

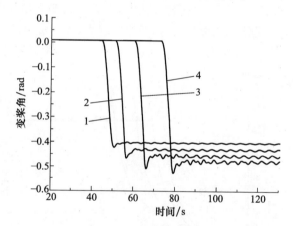

图 6.28　不同工况下的叶片变桨角-时间曲线

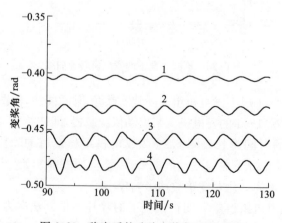

图 6.29　稳定后的叶片变桨角-时间曲线

部法向力的极限载荷的增加,可见初始变桨角越大,叶片根部法向力极限越大。此外,从工况1到工况4,曲线的毛刺波动幅度也是增大的,毛刺波动幅值影响疲劳载荷,可见初始变桨角越大,叶片根部法向力疲劳载荷也越大。

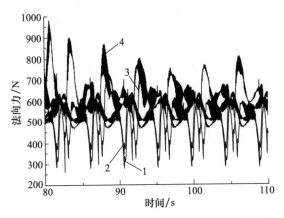

图 6.30　稳定后的叶片 1 根部法向力-时间曲线

　　图 6.31 为风电机组稳定后四种工况下的叶片 1 根部切向力-时间曲线,从图中可以看出,波动的最大值从工况1到工况3依次增加,但工况4又出现了减少的趋势,最大值的变化意味着根部切向力的极限载荷增加,可见初始变桨角越大,叶片根部切向力极限越大,但增加到一定程度后力矩不再增加。此外,从工况1到工况3,曲线的毛刺波动幅度也是增大的,毛刺波动幅值影响疲劳载荷,可见初始变桨角越大,叶片根部切向力疲劳载荷也越大。

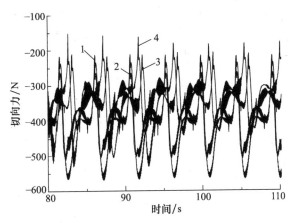

图 6.31　稳定后的叶片 1 根部切向力-时间曲线

　　图 6.32 为风电机组稳定后四种工况下的叶片 1 根部力矩-时间曲线,从图中

可以看出,波动的最大值从工况 1 到工况 3 依次增加,但工况 4 又出现了骤然减少,最大值的变化意味着根部力矩极限值的增加,可见初始变桨角越大,叶片根部力矩极限越大,但增加到一定程度后力矩不再增加。此外,从工况 1 到工况 3,曲线的毛刺波动幅度也是增大的,毛刺波动幅值影响疲劳载荷,可见初始变桨角越大,叶片根部力矩疲劳载荷也越大。

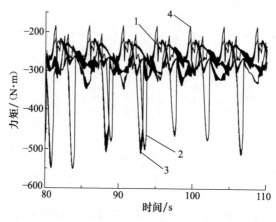

图 6.32　稳定后的叶片 1 根部力矩-时间曲线

2. 不同位置叶片初始变桨角的影响

为了研究不同位置的叶轮气动不平衡力对风电机组的影响,设置了如表 6.5 所示的三种仿真工况,工况 1～3 分别对应的是 5°的桨叶初始角分别加到第一、第二、第三叶片上,所有工况的计算叶片的初始位置对应图 6.1 中的三个叶片位置,第一叶片对应的位置为零位置,方向垂直向上。叶轮沿顺时针方向旋转,本节分析结果图中的 1、2、3 分别对应的是工况 1、2、3。

表 6.5　相同的初始变桨角施加到不同叶片上的仿真工况设置

工况	不平衡载荷加载情况
1	第一个叶片初始桨叶位置为 5°
2	第二个叶片初始桨叶位置为 5°
3	第三个叶片初始桨叶位置为 5°

相同初始变桨角施加到三个叶片上的发电机输出功率随时间的变化关系如图 6.33 所示,由图可以看出,不同工况下的发电机特性曲线差别较小。图 6.34 对应的是发电机功率趋于稳定时的特性曲线,随着初始变桨角的位置变更,电功率波动幅值变化较小,变化周期相等,但存在相位上的差别,这与 6.2.1 节的分析结论完全一致。由于构成叶轮的三个叶片所受的气动力不相等,随着叶轮的旋转,风电

机组受到交变的载荷而发生受迫振动,在振动作用下,相对叶轮的来流风速也会发生周期性变化,进而导致气动力的波动,气动力的波动会引起叶轮输出扭矩的波动,最终又会影响发电机端的电功率。波动周期平均为 4.55s,换算成频率为 0.22Hz,与叶轮稳定时对应的 13.3r/min 转速所对应的频率 0.222Hz 接近,即不平衡气动力会引起与叶轮转频相同频率下的电功率波动,波动频率与不平衡气动力大小和位置无关。

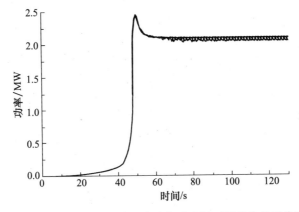

图 6.33 相同初始变桨角下发电机功率随时间变化关系曲线

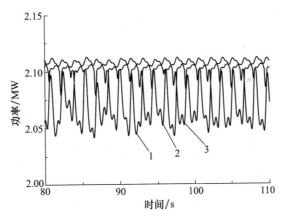

图 6.34 稳定后的发电机功率曲线

图 6.35 为发电机转速曲线,图 6.36 为风电机组稳定后的转速曲线。由图可知,工况 1、2、3 对应转速波动幅值基本相同,但各工况下转速波动相位存在一定的差别。

图 6.37 为不同工况下的叶片 1 变桨角-时间曲线,图 6.38 为稳定后的叶片 1 变桨角-时间曲线。由图可知,各工况下变桨位置波动曲线呈明显的正弦波动,而波动幅值的大小与转速曲线规律一致,变桨波动幅值基本相同,各工况下变桨波动相位都存在一定的差别。

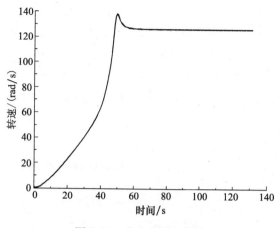

图 6.35　发电机转速曲线

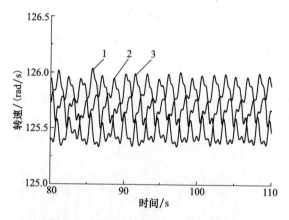

图 6.36　风电机组稳定后的转速曲线

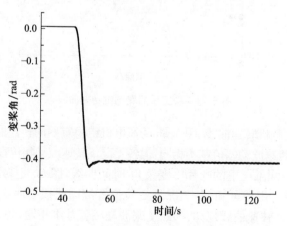

图 6.37　不同工况下的叶片 1 变桨角-时间曲线

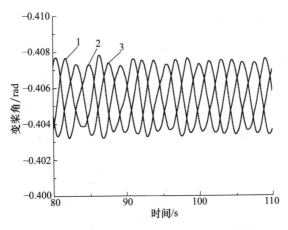

图 6.38　稳定后的叶片 1 变桨角-时间曲线

图 6.39 为风电机组稳定后的叶片 1 根部法向力-时间曲线,可以看出,不同工况下根部法向力随时间的变化幅度基本类似,工况 1、2、3 毛刺也基本相同,但工况 1 的最大值和最小值都大于其他两个工况。毛刺的存在意味着根部疲劳载荷的增加,因此叶轮的气动不平衡对叶片根部法向力疲劳载荷有较大影响。

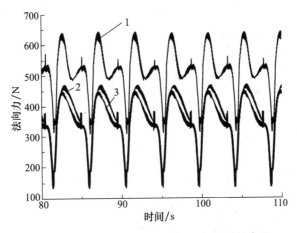

图 6.39　稳定后的叶片 1 根部法向力-时间曲线

图 6.40 为风电机组稳定后的叶片 1 根部切向力-时间曲线,可以看出,不同工况下根部切向力随时间的变化幅度基本类似,工况 1、2、3 毛刺也基本相同,但工况 1 的最大值和最小值都大于其他两个工况。毛刺的存在意味着根部疲劳载荷的增加,因此叶轮的气动不平衡对叶片根部切向力疲劳载荷有较大影响。

图 6.41 为风电机组稳定后的叶片 1 根部力矩-时间曲线,可以看出,不同工况下根部力矩随时间的变化幅度基本类似,工况 1、2、3 的毛刺也基本相同。毛刺的

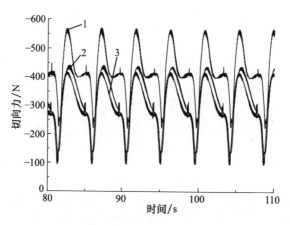

图 6.40　稳定后的叶片 1 根部切向力-时间曲线

存在意味着根部疲劳载荷的增加,因此叶轮的气动不平衡对叶片根部力矩疲劳载荷有较大影响。

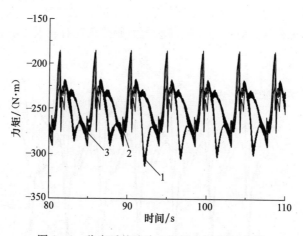

图 6.41　稳定后的叶片 1 根部力矩-时间曲线

第7章　风电机组偏航系统动力学

对于近年来发展主流的兆瓦级风电机组,其偏航系统可确保风电机组的叶轮始终处于迎风状态,从而可以在较大程度上充分利用风能,提高风电机组发电效率。对于兆瓦级风电机组偏航系统,由偏航滑动轴承与偏航驱动构成典型的低速伺服运动系统,为具有内部参数变化、外加负载干扰、传动系统中的摩擦干扰和模型的不确定性以及非线性的复杂系统,其偏航动作具有转速低、承载大、摩擦制动的典型特征。因此,兆瓦级风电机组偏航系统在工作过程中不可避免地经常出现低速运动中的摩擦自激振动(即低速抖动)现象,不但导致兆瓦级风电机组偏航系统运动的均匀性差,而且还容易产生冲击,从而最终在很大程度上影响兆瓦级风电机组偏航控制系统的精度。

对于低速伺服运动系统中的低速抖动问题,国内外许多学者分别就影响低速运动的摩擦产生机理、摩擦影响伺服系统低速抖动的问题及补偿方法进行了研究,并取得了一些代表性的成果,但摩擦环节对机械伺服系统的影响仍然是低速伺服系统性能提高的瓶颈。为此,本书针对兆瓦级风电机组偏航系统的低速抖动现象,从摩擦学角度研究偏航系统的运动学机理,建立合适的兆瓦级风电机组偏航系统低速抖动运动学模型,研究分析偏航系统的运动规律和影响因素,对防止兆瓦级风电机组偏航系统低速抖动设计具有十分重要的理论意义和参考价值。

7.1　滑动偏航轴承工作原理

以本书进行仿真的某风电机组为例,如图7.1所示,滑动偏航系统主要由偏航驱动、偏航齿圈、顶部摩擦组件、横向吊杆组件和限位编码器组成。

图7.2为某型号兆瓦级风电机组偏航系统结构简图,偏航滑动轴承通过高强度螺栓与塔筒法兰固接,其外齿与固定在主机架上的偏航驱动减速箱输出轴齿轮相啮合。偏航时,控制系统发出指令,4个偏航电机同步启动,偏航齿圈固定不转,偏航电机驱动偏航减速箱带动主机架及机舱绕偏航齿圈缓慢转动。由于机舱内零部件质量很大,偏航转速极低。偏航动作结束需要制动时,依靠上下及侧部滑动摩擦块与偏航轴承产生的摩擦力就可以使机舱停止转动;同时,偏航驱动电机匹配有制动器,其制动力矩足以确保偏航系统不工作时,机舱能够锁死并保持静止状态。

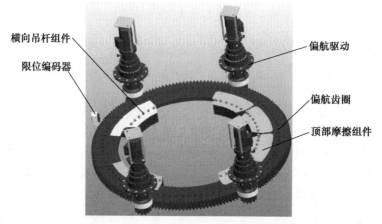

图 7.1　兆瓦级风电机组偏航系统结构图

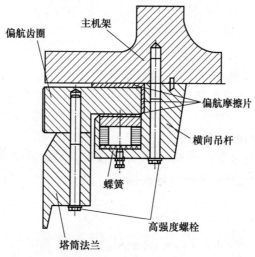

图 7.2　某型号兆瓦级风电机组偏航系统结构图

7.2　风电机组偏航系统低速抖动动力学特性研究

7.2.1　偏航系统低速抖动机理分析

　　从风电机组的偏航工作过程可以看出,兆瓦级风电机组偏航系统的偏航动作具有转速低、承载大、摩擦制动的典型特征,在工作过程中会出现明显的速度不均匀现象而导致振动。

　　为便于问题的研究,采用如图 7.3 所示的简化物理模型来解释偏航系统低速抖动现象的物理本质。

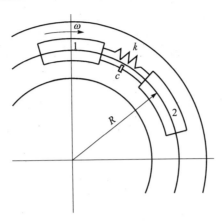

图 7.3 偏航系统低速抖动物理模型

图 7.3 中 1 为主动件,以转速 ω 推动从动件 2 沿着固定平面做低速运动。假设两物体之间的传动件为一扭转刚度系数为 k 的弹簧,摩擦面之间与传动件之间的黏性扭转阻尼系数为 c。当主动件 1 向右缓慢推动从动件 2 时,弹簧被压缩并储存能量,从动件 2 受弹簧驱动力矩和静摩擦力矩的共同作用。随着主动件 1 的继续移动,弹簧压缩量增加,从动件 2 受到的驱动力也增大。当弹簧力矩足以克服最大静摩擦力矩时,从动件 2 开始顺时针方向转动,而一旦有了速度,此时静摩擦力矩立即转化为动摩擦力矩,摩擦力矩就迅速下降,从动件 2 合外力矩不为零且方向与驱动力矩一致为顺时针方向,因此物体 2 沿顺时针方向做加速运动。随着从动件 2 运动距离的增加,弹簧逐渐恢复原始状态,压缩量减小,驱动力矩减小,当驱动力矩小于动摩擦力矩时从动件 2 所受的合外力矩方向为逆时针方向,从动件 2 做减速运动直至停止运动。此后,由于转速 ω 的存在,随着主动件 1 的推动,弹簧又重复储能、释能的过程,从动件则重复加速、减速的过程,这样周而复始地"黏着-滑动"、"滑动-黏着",使整个运动呈跳跃式,形成一种低速抖动的微观振动,这就是低速抖动的机理。

7.2.2 偏航系统低速抖动运动学模型

首先假设主动件 1 缓慢沿顺时针方向移动距离 S_0 后,弹簧因压缩产生的驱动力矩正好等于从动件 2 所受的最大静摩擦力矩 M_j,即 $kS_0 = M_j$,则物体 2 将要开始运动。假设物体 2 开始运动后经时间 t 后移动的距离为 S,若从动件 2 与平面间的动摩擦速度特性为线性关系,则从动件 2 的运动微分方程为

$$J \frac{\mathrm{d}^2 S}{\mathrm{d}t^2} + c \frac{\mathrm{d}S}{\mathrm{d}t} = -M_\mathrm{d} + k(S_0 + \omega R t - S) \tag{7.1}$$

式中，$J\dfrac{d^2S}{dt^2}$ 为惯性力矩；$c\dfrac{dS}{dt}$ 为系统中的扭转阻尼力矩；$k(S_0+\omega Rt-S)$ 为驱动力矩；M_d 为动摩擦力矩。

动摩擦系数在低速范围通常是随运动速度的增加而降低的，它与速度不是线性关系。为分析方便，将动摩擦力矩 M_d 近似看成由不变的分量 M 和随转速变化的分量 $h\dfrac{dS}{dt}$ 两部分组成，即 $M_d=M+h\dfrac{dS}{dt}$，并令 $\Delta M=M_j-M$，ΔM 称为静动摩擦力矩之差，代入式(7.1)可得

$$J\dfrac{d^2S}{dt^2}+(c+h)\dfrac{dS}{dt}+kS=\Delta M+k\omega Rt \tag{7.2}$$

给出初始条件 $t=0,\dfrac{dS}{dt}=0,\dfrac{d^2S}{dt^2}=\dfrac{\Delta M}{J}$，并假设 $\xi^2=0$，可得方程(7.2)的解为

$$S=\omega Rt+\dfrac{\Delta M}{k}+\exp(-\xi\omega_n t)\left[c_1\sin(\omega_n t)+c_2\cos(\omega_n t)\right]-\dfrac{(c+h)\omega R}{k} \tag{7.3}$$

式中，ξ 为阻尼比，$\xi=\delta/\omega_n$，δ 为衰减系数，$\delta=0.5(c+h)/J$，ω_n 为对应系统的固有频率，$\omega_n^2=k/J$。

定义无量纲的量——运动均匀系数 $A=\dfrac{\Delta M}{\omega Rk^{0.5}J^{0.5}}$，可综合反映静动摩擦力矩之差 ΔM、转速 ω、扭转刚度 k 和从动件的转动惯量 J 对运动均匀性的影响。

分别对式(7.2)求时间 t 的一阶导数和二阶导数，并略去 ξ^2 项，可得从动件 2 的转速方程和加速度方程为

$$\dfrac{dS}{dt}=\omega R\{1-\exp(-\xi\omega_n t)\left[\cos(\omega_n t)+(\xi-A)\sin(\omega_n t)\right]\} \tag{7.4}$$

$$\dfrac{d^2S}{dt^2}=\omega R\omega_n\exp(-\xi\omega_n t)\left[A\cos(\omega_n t)+(1-\xi A)\sin(\omega_n t)\right] \tag{7.5}$$

从式(7.4)的求解结果可以看出，从动件 2 的转速 dS/dt 包括恒定分量 ωR 和振动分量 $\omega R\exp(-\xi\omega_n t)\left[\cos(\omega_n t)+(\xi-A)\sin(\omega_n t)\right]$ 两部分。如果从动件 2 开始运动后，它的旋转方向始终为顺时针方向，那么它在运动中就不可能停顿下来。因此，从动件 2 不停顿的条件就是 $dS/dt>0$，对应有 $\exp(-\xi\omega_n t)\left[\cos(\omega_n t)+(\xi-A)\cdot\sin(\omega_n t)\right]<1$。可以看出，当系统的扭转刚度 k 和转动惯量 J 确定后，ω_n 的值随之确定，而系统的阻尼比 ξ 也确定，因此决定从动件 2 是否停顿即影响其是否产生低速抖动运动的因素就只有 A，即运动均匀性系数 A 是判定从动件 2 是否产生低速抖动运动的依据。假设 A 存在着某一临界值 A_c，对应着转速和加速度都等于零的极限状况，则有

$$\exp(-\xi\omega_n t)\left[\cos(\omega_n t_1)+(\xi-A_c)\sin(\omega_n t_1)\right]=1 \tag{7.6}$$

$$A_c\cos(\omega_n t_1)+(1-\xi A_c)\sin(\omega_n t_1)=0 \tag{7.7}$$

当 ξ 很小时,求解上述方程组可得 $A_c \approx (4\pi\xi)^{0.5}$。由 A 的定义可知,当 ΔM、k 和 J 一定时,如果 A 达到临界值 A_c,则转速 ω 也达到临界值 ω_c,有 $\omega_c = \dfrac{\Delta M}{A_c R k^{0.5} J^{0.5}}$。因此,可得临界速度的计算表达式为

$$\omega_c = \frac{\Delta M}{R\sqrt{4\pi\xi kJ}} = \frac{N\Delta\mu}{R\sqrt{4\pi\xi kJ}} \tag{7.8}$$

要想不产生低速抖动现象,其转速必须大于临界转速,即 $\omega > \omega_c$。

式(7.8)表明,系统的扭转刚度 k、偏航角速度 ω、动静摩擦系数差 $\Delta\mu$、系统阻尼比 ξ、正压力 N(即预紧力矩 M_y)是导致偏航系统产生低速抖动现象的主要因素。

7.2.3　偏航系统低速抖动动力学仿真

根据方程(7.2),利用 MATLAB 中的 Simulink 建立如图 7.4 所示的偏航系统低速抖动运动动态特性仿真模型图。

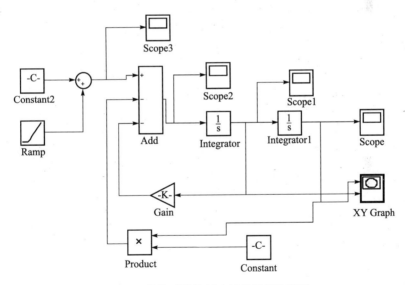

图 7.4　偏航系统的低速抖动机理仿真图

本书以某风电机组为例进行仿真,仿真参数为:转动惯量 $J = 114492.1\mathrm{kg \cdot m^2}$,扭转刚度 $k = 1.0 \times 10^6 \mathrm{N \cdot m/rad}$,旋转半径 $R = 1.1575\mathrm{m}$,阻尼比 $\xi = 0.05$,动静摩擦系数差 $\Delta\mu = 0.1$,偏航角速度 $\omega = 0.005815\mathrm{rad/s}$,预紧力矩 $M_y = 200\mathrm{N \cdot m}$。当研究其中某一参数对偏航系统的运动特性影响时,其他参数则保持不变。兆瓦级风电机组偏航系统低速抖动仿真如表 7.1 所示。

表 7.1　兆瓦级风电机组偏航系统低速抖动仿真工况

影响因素	工况 1	工况 2	工况 3	工况 4	工况 5
$k/(10^6 \text{N} \cdot \text{m/rad})$	1	5	10	50	100
$\omega/(\text{rad/s})$	0.001	0.005	0.01	0.05	0.1
$\Delta\mu$	0.02	0.1	0.3	0.5	0.8
ξ	0.005	0.01	0.05	0.1	0.5
$M_y/(\text{N} \cdot \text{m})$	200	500	1000	1500	2000

1) 扭转刚度对系统性能的影响

偏航系统扭转刚度对系统运动特性的影响结果如图 7.5 和图 7.6 所示。图 7.5 表明,刚度为 $10^6 \text{N} \cdot \text{m/rad}$ 时,系统出现了负速度反向运动,说明系统在偏航运动的初始阶段存在来回振荡现象,这种振荡运动对风电机组和偏航驱动电机都是有损伤的。当刚度增加到 $5 \times 10^6 \text{N} \cdot \text{m/rad}$ 时,系统只有在偏航启动很短时间内出现了速度为零的状态,随后系统在较短的时间内趋于稳定。当刚度为 $10^7 \text{N} \cdot \text{m/rad}$ 时,系统的低速抖动现象基本消失。随着刚度的增大,系统达到稳定的匀速运动的时间就会缩短,当刚度增大到 $10^8 \text{N} \cdot \text{m/rad}$ 时,系统的速度很快就达到了稳定值。这是因为当弹簧的扭转刚度系数 k 足够大时,弹簧在运动过程中就没有压缩或伸长的可能,此时主动件与从动件就可以看成一刚性连接的整体,系统中也不存在储存能量及释放能量的过程,从动件只能随主动件一起以转速 ω 运动。图 7.6 中,刚度为 $10^6 \text{N} \cdot \text{m/rad}$ 时,系统移动距离出现了反复,随时间呈振荡式增大。当刚度增加到 $5 \times 10^6 \text{N} \cdot \text{m/rad}$ 时,系统移动距离呈波浪式上升,说明系统以变速度在移动,具体表现为快—慢—快,直至趋于稳定。当刚度为 $10^7 \text{N} \cdot \text{m/rad}$ 时,系统的移动距离与时间基本呈线性变化。随着刚度的增大,系统的移动距离与时间的线性关系越来越明显,当刚度增大到 $10^8 \text{N} \cdot \text{m/rad}$ 时,系统的移动距离与时间呈完全的直线关系,这与图 7.5 的结果一致。

因此,消除系统低速抖动现象的措施之一就是保证系统有足够的扭转刚度,即刚度 k 越小,越容易产生低速抖动。

2) 偏航转速对系统性能的影响

低速抖动机理研究表明,驱动速度太低也是导致低速抖动的主要原因之一,要使偏航系统不出现低速抖动现象,驱动速度必须大于临界速度。某型兆瓦级风电机组的偏航转动速度对系统性能的影响如图 7.7 和图 7.8 所示。图 7.7 表明,偏航转速 ω 为 0.001rad/s 和 0.005rad/s 时,系统运动过程中都出现了负速度,存在来回运动的低速抖动现象;当转速增大到 0.01rad/s 时,低速抖动现象基本消失;当驱动转速继续增加时,低速抖动现象消失但速度的变化剧烈程度明显增加,剧烈

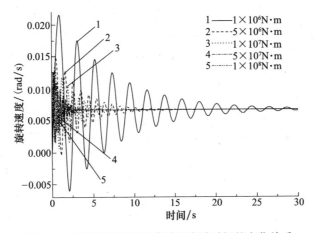

图 7.5　不同扭转刚度下旋转速度随时间的变化关系

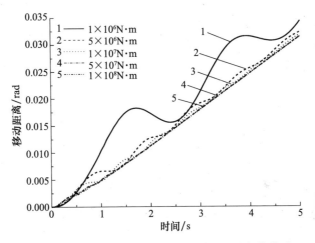

图 7.6　不同扭转刚度下移动距离随时间的变化关系

速度变化时的运动也是一种不稳定的运动,可能导致失稳和振动的产生。图 7.8 表明,偏航转速 ω 为 0.001rad/s 时,系统基本在零点附近来回移动,系统的移动距离随时间变化非常缓慢,这两种状况相当于风机需要非常长的时间进行偏航,显然是不符合实际应用的。而当转速增加至 0.1rad/s 时,系统在非常短的时间内移动了很大的距离,不利于风机的控制。

　　可见,对于此偏航系统,不是驱动速度越大越好,当驱动速度超过一定值后,速度的变化明显加剧,这将会引起系统的不稳定。所以,在设定风电机组偏航驱动速度时,必须先估算其临界速度,还要考虑其他因素的综合影响,驱动转速的选择应该是大于临界速度的某一合适值。

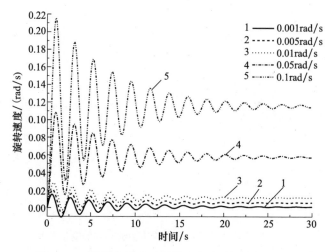

图 7.7　不同偏航转速下旋转速度随时间的变化关系

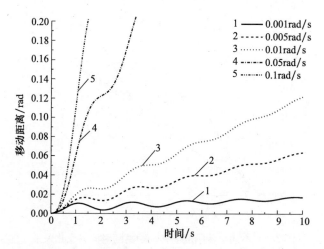

图 7.8　不同偏航转速下移动距离随时间的变化关系

3）动静摩擦系数差对系统性能的影响

低速抖动是低速运动中很复杂的现象，其主要原因之一就是摩擦面间的静动摩擦系数存在差异，静摩擦系数大于动摩擦系数。此外，动摩擦系数也不是恒定值，在低速范围内，随速度的增加而降低。不同的动静摩擦系数差对系统性能的影响结果如图 7.9 和图 7.10 所示。图 7.9 表明，只有动静摩擦系数差为 0.02 时的系统没有出现速度为零或负速度现象，随着动静摩擦系数差的增大，系统来回振荡的幅度增加。由图 7.10 则可以看出，动静摩擦系数差为 0.02 时，系统的移动距离与时间近似线性变化，而其他情况的零点附近均存在来回波动的现象，说明系统启动过程中在零点附近存在来回摆动的现象，动静摩擦系数差越大，摆动的幅度越大,时间也越长。

由此可以看出,此偏航系统对动静摩擦系数差非常敏感,必须保证动静摩擦系数差在合理的范围内才能保持系统的稳定性。如果静摩擦系数和动摩擦系数相等,那么静摩擦力矩与动摩擦力矩就相等,当弹簧力矩等于摩擦力矩后,物体就以转速 ω 做匀速运动,弹簧的压缩量不再变化。因此,静动摩擦系数差越大,静摩擦力矩与动摩擦力矩的差值越大,越容易产生低速抖动现象。

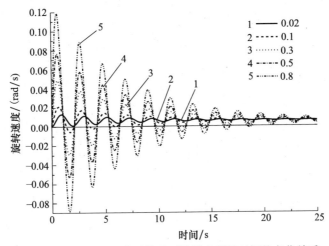

图 7.9　不同动静摩擦系数差下旋转速度随时间的变化关系

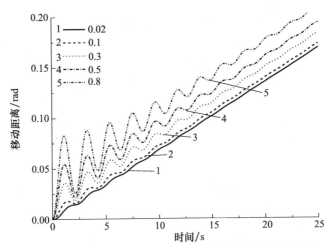

图 7.10　不同动静摩擦系数差下移动距离随时间的变化关系

4) 系统阻尼比对系统性能的影响

阻尼比用于表达结构阻尼的大小,是结构的动力特性之一,是描述结构在振动过程中某种能量耗散的术语。引起结构能量耗散的因素(或称为影响结构阻尼比的因素)有很多,主要有材料阻尼、周围介质对振动的阻尼、连接处的阻尼以及通过支座基础散失的一部分能量。

  不同阻尼比下偏航系统转速随时间的变化关系如图 7.11 和图 7.12 所示。从图 7.11 和图 7.12 都可以看出,偏航系统的阻尼比达 0.5 时,运动状况非常理想,启动的瞬间即达到了匀速运动状态。随着阻尼值的减小,系统的低速抖动现象及来回振荡现象更加明显。因此,系统选择适当偏大的阻尼对于减振和系统运动的稳定性都是有利的。

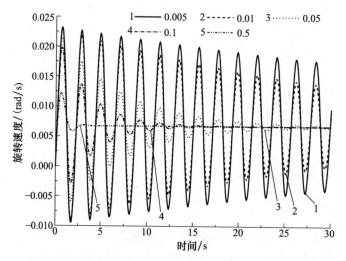

图 7.11 不同阻尼值下旋转速度随时间的变化关系

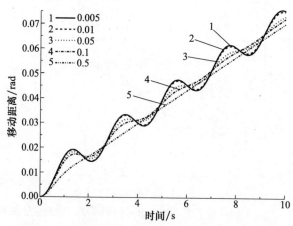

图 7.12 不同阻尼值下移动距离随时间的变化关系

  5) 预紧力矩对系统性能的影响

  预紧力矩的增大导致摩擦面之间正压力的增大,即相当于增大了物体的质量,对于刚度一定的物体增加其质量意味着刚性相对减弱,而随着刚度减少,低速抖动产生的可能性及剧烈程度增加。不同的预紧力矩对偏航系统运动特性的影响结果如图 7.13 和图 7.14 所示。图 7.13 表明,预紧力越小,低速抖动现象越不明显,随着预紧力矩的增加,低速抖动剧烈程度增加,物体的速度和加速度不稳定性增加,趋于稳定的时间越长。图 7.14 与图 7.10 类似,预紧力矩为 200N·m 时,系统的移动距离与时间近似线性变化,而其他情况的零点附近均存在来回波动的现象,说明系统在启动过程中在零点附近存在来回摆动的现象,预紧力矩越大,摆动的幅度越大,时间也越长。

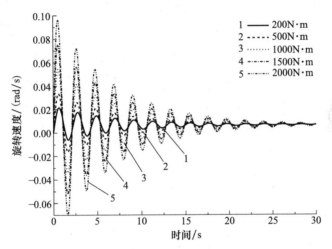

图 7.13　不同预紧力矩下旋转速度随时间的变化关系

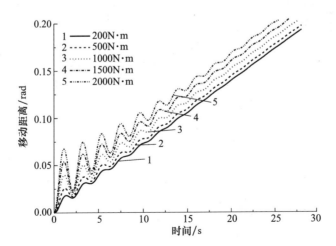

图 7.14　不同预紧力矩下移动距离随时间的变化关系

7.3　主动偏航过程兆瓦级风电机组偏航系统振动数学模型

7.3.1　主动偏航过程兆瓦级风电机组偏航系统振动机理

　　将偏航系统模拟为支撑在扭转弹簧 S 和扭振阻尼 d 之上的质量为 m、转动惯量为 I 及半径为 R 的圆盘,如图 7.15 所示。偏航电机作用在圆盘的力为 F,产生的力矩 $M = R \times F$,使圆盘发生转动。同时,主动偏航过程偏航系统和塔筒之间存在摩擦力,产生的摩擦力矩 M_f 如图 7.16 所示,其中偏航系统的转动方向始终为偏航方向,因此偏航系统的转动方向主要取决于偏航角 θ。

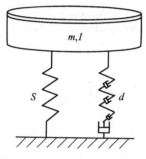
图 7.15　偏航系统振动模型

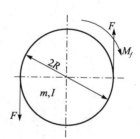
图 7.16　主动偏航过程偏航系统受力分析

7.3.2　主动偏航过程兆瓦级风电机组偏航系统平衡位置振动

　　只有在偏航力矩 $M = R \times F$ 等于或大于摩擦力矩 M_f 时,偏航系统才会开始转动,其偏航转动运动方程可表示为

$$I \frac{\mathrm{d}^2\theta}{\mathrm{d}t^2} + d \frac{\mathrm{d}\theta}{\mathrm{d}t} + S \cdot \theta = M - M_f \tag{7.9}$$

　　偏航力矩 $M = R \times F$ 刚刚克服静摩擦力矩 M_{f0} 时的位置为平衡点 $\frac{\mathrm{d}\theta(0)}{\mathrm{d}t} = 0$,则在该平衡点有

$$M = M_{f0} \tag{7.10}$$

　　任意时刻的摩擦力矩 M_f 为

$$M_f = M_{f0} - \Delta M_f \frac{\mathrm{d}\theta}{\mathrm{d}t} \tag{7.11}$$

式中,$\Delta M_f \frac{\mathrm{d}\theta}{\mathrm{d}t}$ 为偏航力矩减量(N·m),与偏航系统旋转角速度 $\frac{\mathrm{d}\theta}{\mathrm{d}t}$ 有关,且 $\Delta M_f \frac{\mathrm{d}\theta}{\mathrm{d}t} \geqslant 0$。

　　将式(7.11)代入式(7.9)可得

$$I \frac{\mathrm{d}^2\theta}{\mathrm{d}t^2} + d \frac{\mathrm{d}\theta}{\mathrm{d}t} + S \cdot \theta = \Delta M_f \frac{\mathrm{d}\theta}{\mathrm{d}t} \tag{7.12}$$

在平衡点附近,摩擦力矩减量可近似表示为

$$\Delta M_f \frac{\mathrm{d}\theta}{\mathrm{d}t} = K_{\Delta M}(0) \frac{\mathrm{d}\theta}{\mathrm{d}t} \tag{7.13}$$

式中,$K_{\Delta M}(0)$ 为 ΔM_f 在原点的斜率。

将式(7.13)代入式(7.12)后,可将有黏性阻尼的强迫振动方程简化为有黏性阻尼的自由振动方程:

$$I \frac{\mathrm{d}^2\theta}{\mathrm{d}t^2} + d \frac{\mathrm{d}\theta}{\mathrm{d}t} + S \cdot \theta = K_{\Delta M}(0) \frac{\mathrm{d}\theta}{\mathrm{d}t} \tag{7.14}$$

对式(7.14)整理可得偏航系统偏航转动运动方程为

$$I \frac{\mathrm{d}^2\theta}{\mathrm{d}t^2} + (d - K_{\Delta M}(0)) \frac{\mathrm{d}\theta}{\mathrm{d}t} + S \cdot \theta = 0 \tag{7.15}$$

由微分方程解的理论可知,对于作为弱阻尼的偏航系统,式(7.15)的通解可表示为

$$\theta = \mathrm{e}^{-nt} [c_1 \cos(\omega_d t) + c_2 \sin(\omega_d t)] \tag{7.16}$$

式中,$\omega_d^2 = \omega_n^2 - n^2$,其中 $n = 0.5(d - K_{\Delta M}(0))/I$,$\omega_n$ 为偏航系统固有频率,$\omega_n = (S/I)^{0.5}$;c_1、c_2 为待定常数,可由初始条件确定。

分别对式(7.16)求时间 t 的一阶导数和二阶导数,可得偏航系统的角速度方程和角加速度方程分别为

$$\frac{\mathrm{d}\theta}{\mathrm{d}t} = -n\theta + \omega_d \mathrm{e}^{-nt} [-c_1 \sin(\omega_d t) + c_2 \cos(\omega_d t)] \tag{7.17}$$

$$\begin{aligned}\frac{\mathrm{d}^2\theta}{\mathrm{d}t^2} = &-n \frac{\mathrm{d}\theta}{\mathrm{d}t} - n\omega_d \mathrm{e}^{-nt} [-c_1 \sin(\omega_d t) + c_2 \cos(\omega_d t)] \\ &+ \omega_d^2 \mathrm{e}^{-nt} [-c_1 \cos(\omega_d t) - c_2 \sin(\omega_d t)]\end{aligned} \tag{7.18}$$

根据主动偏航过程兆瓦级风电机组偏航系统平衡位置振动的实际情况可知,当 $t=0$ 时,有 $\frac{\mathrm{d}\theta}{\mathrm{d}t} = 0$,$\frac{\mathrm{d}^2\theta}{\mathrm{d}t^2} = K_{\Delta M}(0)/(R \cdot I)$,则待定常数 c_1 和 c_2 分别为

$$c_1 = K_{\Delta M}(0)/(R \cdot I \cdot \omega_n) \tag{7.19}$$

$$c_2 = n K_{\Delta M}(0)/(R \cdot I \cdot \omega_n \cdot \omega_d) \tag{7.20}$$

因此,式(7.15)的终解为

$$\theta = \frac{K_{\Delta M}(0)}{RI\omega_n} \mathrm{e}^{-nt} \left[-\sin(\omega_d t) + \frac{n}{\omega_d} \cos(\omega_d t) \right] \tag{7.21}$$

7.3.3　主动偏航过程兆瓦级风电机组偏航系统摩擦失稳分析

由式(7.15)可知,当有效阻尼系数 $d - K_{\Delta M}(0) < 0$,即 $K_{\Delta M}(0) > d$ 时,出现负阻尼现象,主动偏航过程兆瓦级风电机组偏航系统将发生摩擦失稳现象。

将式(7.15)变形为有黏性阻尼的自由振动方程的通用形式:

$$\frac{d^2\theta}{dt^2} + 2\omega_n(\xi - \eta)\frac{d\theta}{dt} + \omega_n^2\theta = 0 \tag{7.22}$$

式中,ξ 为主动偏航过程兆瓦级风电机组偏航系统转动阻尼比,$\xi = \dfrac{d}{2(I \cdot S)^{0.5}}$,$\xi \approx$ 0.02~0.06;η 为主动偏航过程兆瓦级风电机组偏航系统转动摩擦失稳阻尼比,$\eta = \dfrac{K_{\Delta M}(0)}{2(I \cdot S)^{0.5}}$。

偏航系统与偏航齿圈上表面的静摩擦力矩 M_{f021} 可表示为

$$M_{f021} = \mu R(mg + 150T_s/d_m) \tag{7.23}$$

式中,m 为偏航系统质量,kg;g 为当地重力加速度,m/s²;T_s 为单个螺栓的预紧力矩,N·m;d_m 为预紧螺栓的标称直径,m。

偏航系统与偏航齿圈下表面的静摩擦力矩 M_{f022} 可表示为

$$M_{f022} = \mu R(150T_s/d_m) \tag{7.24}$$

因此,主动偏航过程兆瓦级风电机组偏航系统总静摩擦力矩 M_{f0} 为

$$M_{f0} = M_{f021} + M_{f022} \tag{7.25}$$

假设摩擦力矩减量 $K_{\Delta M}(0)$ 与总静摩擦力矩满足关系:

$$K_{\Delta M}(0) = \alpha \cdot M_{f0} \tag{7.26}$$

式中,α 为摩擦力矩减量变化率,一般为 40%~80%。

本书以某风电机组为例进行仿真,其偏航系统的相关参数为:转动惯量 $I =$ 114492.1kg·m²,刚度 $S = 0.33 \times 10^9$ N·m/rad,旋转半径 $R = 1.1575$m,静摩擦系数 $\mu = 0.05$,预紧螺栓 M33 的性能等级为 10.9,偏航系统总质量为 49294kg。利用这些已知数据对主动偏航过程兆瓦级风电机组偏航系统进行仿真,研究分析预紧力矩 T_s 与摩擦失稳阻尼比 η 的关系,以及静摩擦系数 μ 和预紧力矩 T_s 与摩擦失稳阻尼比 η 的关系,结果分别如图 7.17 和图 7.18 所示。

由图 7.17 可知,随着预紧力矩 T_s 的逐渐增加,摩擦失稳阻尼比 η 呈线性增加,当预紧力矩 T_s 增加到 900N·m 左右时,摩擦失稳阻尼比 $\eta > 0.06$,主动偏航过程兆瓦级风电机组偏航系统摩擦失稳开始发生。其主要原因为:预紧力矩 T_s 的增大导致摩擦面之间正压力的增大,即相当于增大了偏航系统的质量,对于刚度一定的偏航系统,其质量增加则意味着刚性相对减弱,而刚度减少则最终导致偏航系统摩擦失稳现象的发生。

图 7.18 表明,随着静摩擦系数 μ 和预紧力矩 T_s 的逐渐增加,摩擦失稳阻尼比 η 呈线性增加,并且其增长幅度越来越大。对于预紧力矩 $T_s = 400$N·m,当静摩擦系数 $\mu = 0.1$ 时,偏航系统摩擦失稳阻尼比 $\eta > 0.06$,主动偏航过程兆瓦级风电机组偏航系统摩擦失稳开始发生;而对于预紧力矩 $T_s = 1000$N·m,当静摩擦系数 $\mu = 0.04$ 时就导致偏航系统摩擦失稳阻尼比 $\eta > 0.06$。

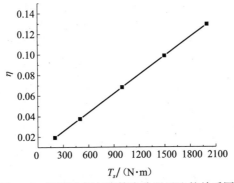

图 7.17 预紧力矩与摩擦失稳阻尼比的关系图

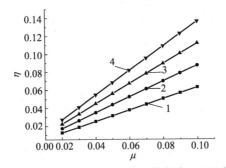

图 7.18 静摩擦系数和预紧力矩与摩擦失稳阻尼比的关系图

1-T_s＝400N·m；2-T_s＝600N·m；3-T_s＝800N·m；4-T_s＝1000N·m

因此,在确保预紧力矩 T_s 尽量满足偏航系统正常工作的情况下,必须采取较好的措施使静摩擦系数保持在恰当的范围内,才能有效地避免主动偏航过程兆瓦级风电机组偏航系统摩擦失稳现象的发生。

当静摩擦系数 μ＝0.07 时,预紧力矩 T_s＝600N·m,主动偏航过程兆瓦级风电机组偏航系统振动曲线如图 7.19 所示。显然,此时主动偏航过程兆瓦级风电机组偏航系统已经产生摩擦失稳振动现象。

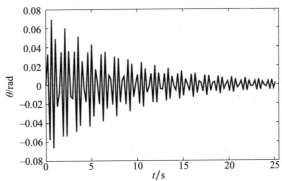

图 7.19 主动偏航过程兆瓦级风电机组偏航系统振动时域曲线

7.4　偏航系统振动试验

7.4.1　试验设备

用于主动偏航过程兆瓦级风电机组偏航系统振动试验验证的设备的主要参数如表 7.2 所示。加速度传感器(仪器型号:PCB 加速度传感器[333B30])的性能参数如表 7.3 所示。

表 7.2　LMS 振动测试系统指标

机箱型号(SCADAS M/R)	SCM01
机箱最大通道数	8
传输速率(Mbit/s)	8
转速输入通道	2
信号源	2
运行温度运行	$-20\sim55℃$
相对湿度	95%无凝露
振动保护	MIL-STD-810F[20$\sim$2000Hz(随机):7.7g rms]
冲击保护	MIL-STD-810F[60g pk,11ms 锯齿冲击波,每个方向 3 次冲击]
防尘防水保护级别	IP32

表 7.3　加速度传感器参数

灵敏度	$(\pm10\%)$100mV/g(10.2mV/(m/s))
量程	$\pm50g$ pk(±490m/s² pk)
频率分辨率	(1$\sim$10000Hz)0.00015g rms(0.0015m/s² rms)
频率带宽	$(\pm5\%)$0.5$\sim$3000Hz

7.4.2　传感器布置

根据风电机组的偏航结构,结合所关注的振动位置和振动方向,选择合理的加速度传感器的布置点(4 个位置)。传感器主要布置在横向吊杆上,具体位置如图 7.20 所示(1、3 号传感器可测量偏航系统的扭转振动,2、4 号传感器可测量偏航系统的径向振动)。

7.4.3　试验数据及结果分析

主动偏航过程兆瓦级风电机组偏航系统偏航振动测试工况如表 7.4 所示。在

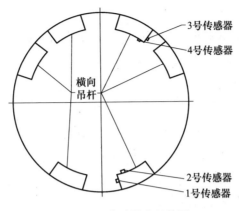

图 7.20　传感器布置简图

工况 1 和工况 2 所示的测试过程中,环境温度 T_0 相对较高($>$30℃),同时工况 2 中存在润滑油泄漏现象。在工况 3 所示的测试过程中,环境温度 T_0 相对较低 (10℃),且不存在润滑油泄漏现象。

表 7.4　主动偏航过程兆瓦级风电机组偏航系统振动测试工况

参数	工况 1	工况 2	工况 3
μ	0.06	0.07	0.05
$T_s/(\mathrm{N \cdot m})$	900	500	500
T_0/K	$>$303	$>$303	283
是否存在润滑油泄漏现象	否	是	否

　　主动偏航过程兆瓦级风电机组偏航系统偏航振动测试所得到的振动加速度时域图和频谱图分别如图 7.21 和图 7.22 所示。

　　从图 7.21 和图 7.22 中可知,在工况 1 和工况 2 中,主动偏航过程兆瓦级风电机组偏航系统发生了较为明显的颤振,1～4 号传感器测得的振动信号的基频范围为 45～55Hz,其振动幅值处在数量级 0.02～0.2m/s²,比工况 3 中振动幅值大 1 个数量级,其振动较为剧烈。而工况 3 中主动偏航过程兆瓦级风电机组偏航系统发生颤振不明显,其振动加速度值为 0.002～0.02m/s²,说明偏航系统整体在各个方向上的振动强度没有明显的差别,偏航过程处于较为稳定的状态。

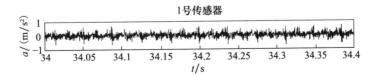

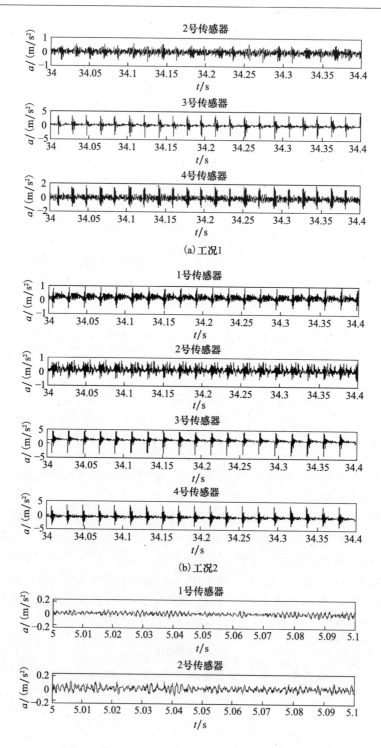

(a) 工况1

(b) 工况2

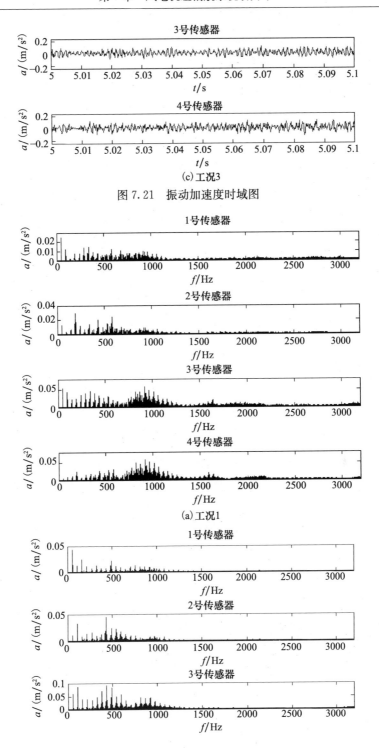

（c）工况3

图 7.21　振动加速度时域图

（a）工况1

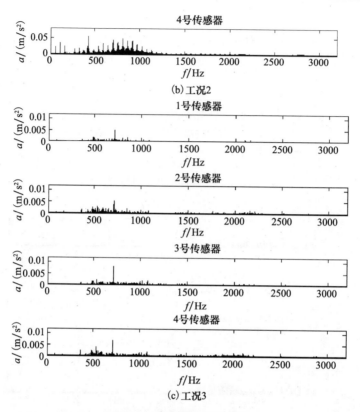

图 7.22　振动加速度频谱图

与工况 3 相比,尽管工况 2 所示的测试过程只是环境温度 T_0 相对较高且存在润滑油泄漏等情况,但由于润滑油的泄漏和环境温度的升高,其综合作用使静摩擦系数有较大幅度的增长,最终导致摩擦失稳阻尼比 η 增长幅度较大,从而使主动偏航过程兆瓦级风电机组偏航系统摩擦失稳现象发生。

第8章　传动系统动力学试验

传动系统振动试验可以在前期评价风电机组传动系统稳定工作的可靠性,也可以在运行中根据测试数据判断风电机组的运行状态,预测维护时间节点。如果风电机组发生振动故障失效,可以通过测试数据确定故障来源,进行故障修复。

8.1　传动系统动力学试验概述

作为能量传递环节的传动系统,时刻接受着来自叶轮系统的能量,同时也承担着叶轮系统载荷的传递功能,因此叶轮系统在从气流中汲取能量时产生的振动,不仅会影响传动系统的能量输入,也会向其传递振动,造成传动系统载荷突变,加剧其承载的状况,严重时会诱发传动系统共振,造成传动系统早期失效,直接引发机组的故障停机。因此,需要对风电机组传动系统进行振动测试,详细评估其振动特性,保证其工作运行的可靠性。风电机组传动系统结构紧凑、布局严密,部件之间的振动相互影响程度很高,如何选择合理的测点来收集高分辨率的测试数据,判断机组的振动特性和振动来源,是技术实施的关键点。准确的测点选择直接影响对风电机组振动特性的评价。

在对多台风电机组进行振动测试和分析的工作基础上,本节总结了针对风电机组传动系统振动试验最优的测试点定位规范,如图8.1所示,其中传感器1和2分别测低速轴和高速轴的转速,图中未进行标注。

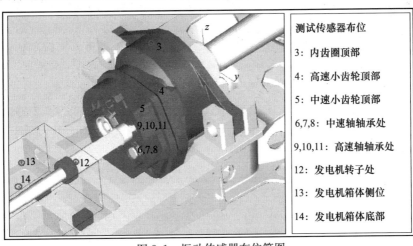

图 8.1　振动传感器布位简图

　　风电机组在运行过程中会遇到各种各样的外部风况条件,同时机组本身多样的工作状态也给测试工作带来了挑战,测试风电机组所有工作状态下的全部振动数据是不现实的。因此,在进行实地风电场测试时,应结合当地的风况条件,有目的地选择最能反映风电机组传动系统振动性能的工况条件,来完成传动系统振动特性的评估,可以达到事半功倍的效果,节省大量测试消耗的人力、物力成本。通过对大量风电机组载荷计算结果的分析,本节总结了对传动系统振动特性影响程度较高的特征工况。因此,在真实风场环境中的风电机组,可以对其运行工况,根据经验有选择地进行振动测试。通过测试分析数据,可以直观地发现传动系统测点位置的振动剧烈程度,同时,还需进行测试数据的信息挖掘,查明风电机组传动系统振动的机理、激振的来源和振动的传递方式。

　　依据我国国家标准和德国 VDI 标准(图 8.2),本节建立了一套完整的数据处理流程,通过对振动测试数据的深入发掘,形成传动系统振动分析报告。

8.2　试　　验

　　本试验对象选取某风电机组的传动系统,主要测试主轴承、齿轮箱、发电机等主传动系统关键部件的振动响应数据,了解该款机型主传动系统的振动特性,并与某机组传动系统动力学仿真分析结果进行对比分析。

8.2.1　试验原理及测试系统

　　振动的传递可以看成波的传递,考虑到实际振动源的测试难度,可以通过测试与之接触的部件的振动来寻找振动源的确切位置和振动特性。因此,为了检测风机主传动系统的振动响应,可以通过振动传感器对主轴承座、齿轮箱箱体等外露部件的振动检测来实现。因此,本次测试通过合理布置主传动系统的响应点,测得风电机组主传动系统部件在不同转速下的振动响应,达到分析风电机组主传动系统振动的目的。

　　振动测试系统由加速度传感器、力传感器、数据线、数据采集仪和计算机组成。加速度传感器捕捉部件的振动加速度,数据采集仪采集加速度传感器传输来的数据,并把数据转换至计算机中,从而获取直观的数据,测试系统组成图如图 8.3 所示(其中加速度传感器固定在被测对象上)。

　　本试验振动测试设备含 16 通道信号采集仪,加速度传感器包括 INV9822(单向)5 个、INV9828(单向)3 个、INV9832(三向)2 个。

ICS 17.160, 27.180

VDI-RICHTLINIEN

März 2009
March 2009

VEREIN DEUTSCHER INGENIEURE	Messung und Beurteilung der mechanischen Schwingungen von Windenergieanlagen und deren Komponenten Onshore-Windenergieanlagen mit Getrieben Measurement and evaluation of the mechanical vibration of wind energy turbines and their components Onshore wind energy turbines with gears	VDI 3834 Blatt 1 / Part 1 Ausg. deutsch/englisch Issue German/English

Die deutsche Version dieser Richtlinie ist verbindlich.

The German version of this guideline shall be taken as authoritative. No guarantee can be given with respect to the English translation.

Inhalt Seite

Contents Page

VDI-Gesellschaft Entwicklung Konstruktion Vertrieb
Ausschuss Messung und Beurteilung von Windkraftanlagen

VDI-Handbuch Schwingungstechnik
VDI-Handbuch Energietechnik

图 8.2 风电机组振动测试评价标准

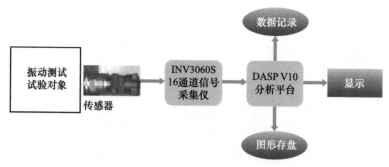

图 8.3　振动测试系统

8.2.2　测点布置

　　根据传感器的类型和参数的差异性以及本次试验的验证点,测点位置既要考虑覆盖整个风电机组传动系统的振动特性,同时也要关注一些重要部位,并考虑风电机组内部的实际布置空间,最终的测点布置如表 8.1 所示。为方便试验数据与仿真数据的对比,测点布置方向同样参考如图 8.4 所示的 GL 标准坐标系。

表 8.1　测点(传感器)布置表

测量对象	传感器型号	测量方向	采集仪通道	测点位置描述
发电机转速	转速传感器	转速	1	联轴器与发电机中间(图 8.5)
主轴承座	INV9828_121035	Z	2	主轴承座(图 8.6)
齿轮箱内齿圈	INV9828_121039	Z	3	齿轮箱内齿圈顶部中间(图 8.6)
齿轮箱中箱体	INV9828_121040	Z	4	齿轮箱中箱体顶部,高速级小齿轮正上方(图 8.7)
齿轮箱后箱体	INV9822_121041	Z	5	齿轮箱后箱体顶部,中间级小齿轮正上方(图 8.7)
高速输入轴	INV9832A_120802 三向	X	6	高速输入轴下风向轴承正上方(图 8.8)
		Y	7	
		Z	8	
高速输出轴	INV9832A_121217 三向	X	9	高速输出轴下风向轴承正上方(图 8.8)
		Y	10	
		Z	11	
发电机转轴	INV9822_130325	Y	12	发电机转轴上风向端盖
发电机转轴	INV9822_130326	Z	13	发电机转轴下风向端盖
发电机外壳	INV9822_130103	Y	14	发电机侧面
发电机外壳	INV9822_130327	Z	15	发电机底部

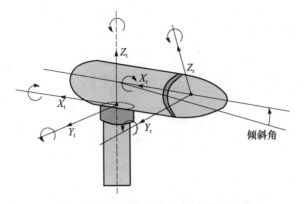

图 8.4　测点(传感器)布置参考坐标系

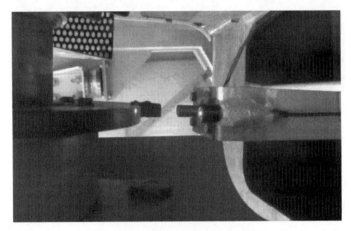

图 8.5　转速测点(传感器)布置图

图 8.6　主轴承座和内齿圈测点(传感器)布置图

图 8.7　中箱体和后箱体测点(传感器)布置图

图 8.8　高速输入轴和输出轴测点(传感器)布置图

8.2.3　工况设置

根据现场风资源条件及风电机组运行状况,试验方案包括 10 个工况,在测试系统中分别对应 10 个试验号,如表 8.2 所示。

表 8.2　测试工况参数

工况	对应试验号	工况说明
1	12#	启动工况,发电机转速 0~1200r/min
2	13#	停机工况,发电机转速 1200~0r/min
3	2#	发电机转速 820r/min
4	4#	发电机转速 865r/min
5	5#	发电机转速 900r/min
6	6#	发电机转速 920r/min
7	7#	发电机转速 930r/min
8	8#	发电机转速 990r/min
9	9#	发电机转速 1100r/min
10	11#	发电机转速 1200r/min,额定功率发电

8.2.4　试验基本步骤

试验基本步骤如下：

（1）风电机组停机，断开机舱 400V 电源，一人在塔底看护，二人进入机舱操作；

（2）连接数据采集设备，并根据测点布置（传感器）示意图安装加速度传感器；

（3）检测仪器，确认正常工作，设置测量设备的采集参数和传感器参数，准备数据采集；

（4）连通机舱 400V 电源，由机舱工作人员启动风电机组，使风电机组在额定功率下运行 5～10min；

（5）采集风电机组由停机到额定功率发电过程以及额定工况下相应的振动参数；

（6）由机舱工作人员正常停机，采集停机过程中的振动参数；

（7）断开机舱 400V 电源，拆除加速度传感器及数据采集设备；

（8）测试结束后，对测量结果进行分析，得到被测对象的振动频率及幅值。

8.3　试验结果分析

测试各工况对应的转速设置是在前期理论分析的基础上选定的，各工况的数据采集是在通过对风电机组按相应试验参数进行设置后使风电机组按所需状态运行稳定后进行的。由于风电机组实际运行中有很多因素无法控制，表中各工况对应的转速并不是一个固定值，而是存在一定的波动，但这不影响试验分析。

8.3.1　工况 1：启动（0～1200r/min）结果分析

工况 1 是风电机组的启动工况，发电机转速由 0r/min 加速到 1200r/min，试验采样频率为 5120Hz。与传动系统动力学时域分析相似，在该加速过程中，风电机组传动系统各部件转速将扫过其正常运行的区间，即激励的频率会涵盖风电机组正常运行时的所有频率范围，如果风电机组传动系统中出现共振现象，可能会在该过程中表现出来。因此，对该工况进行分析有利于全面了解风电机组传动系统运行中的振动特性。

1）时域分析

图 8.9 是工况 1（启动）的全程时域波形图，图中共有 15 组数据，其中数据 1 为转速信号，其余 14 组数据为加速度信号，数据采集时间接近 190s，涵盖了风电机组整个启动加速的过程。由图可知，各部件振动加速启动时间虽有出入，但整个加速过程的趋势基本一致，而且在加速启动到稳定运行的过程中，各部件振动响应比较平稳，加速度时域曲线没有出现异常的峰值，这点与现场测试人员反映的启动过程没有出现异常振动的情况吻合。

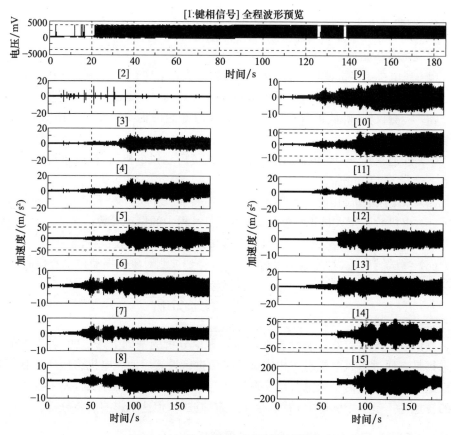

图 8.9　工况 1(启动)全程时域波形图

2) 频域分析

对工况 1(启动)测得的 14 组加速度数据进行自谱分析得到 14 条加速度频谱曲线,如图 8.10 所示。

通过分析该频域波形图的特点可以得到以下几个结论:

(1) 各曲线沿频率范围分布相对平缓,虽然出现了波峰,但频谱能量并没有出现高度集中的现象。因此,可以初步判定在整个启动过程中,风电机组没有明显的共振现象,与现场测试人员的感受吻合。

(2) 传动系统上各结构响应的频域特性呈现出一种分段的特点,即联轴器前面的齿轮箱各结构频域特性相似,与发电机上各结构的频域特性存在较大差别,这说明联轴器在风电机组传动系统中具有隔离振动的作用。

(3) 齿轮箱体和发电机转轴的频域波形中出现了一些高频响应,引起这些响应的激励来源不明,可能是发电机内部的电磁等相关激励。

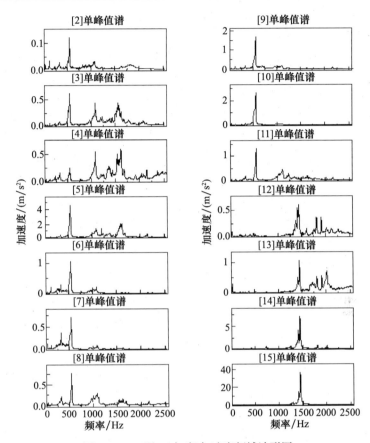

图 8.10　工况 1(启动)加速度频域波形图

根据工况 1 频谱曲线的特点,提取了 15 个具有代表性波峰对应的频率,如表 8.3 所示。

表 8.3　工况 1(启动)波峰对应的频率值(单位:Hz)

序号	1	2	3	4	5	6	7	8	9	10	11	12	13	14	15
频率	10	20	105	215	315	510	540	965	1080	1225	1405	1430	1560	1615	1795

综合图 8.10 和表 8.3 可以看出,传动系统中主轴承到高速输出轴之间频谱曲线最大幅值对应的频率为 540Hz、1080Hz、1615Hz,这可能是由额定转速时三级啮合频率激发,具体原因可查看后面工况 10 的分析;发电机各结构频谱曲线最大幅值对应的频率为 1430Hz。另外,将上述结果与第 3 章中对计算模型提出的 27 阶固有频率进行比较,除 10Hz,并没有出现计算得到的固有频率,说明这些频率并没有被激发,这进一步验证了第 3 章中不会引起共振的结论。

为更详细地了解振动响应在传动系统上的分布趋势,本试验选择有代表性的部

件在 Y 方向和 Z 方向上的加速度频谱曲线进行比较,结果如图 8.11 和图 8.12 所示。

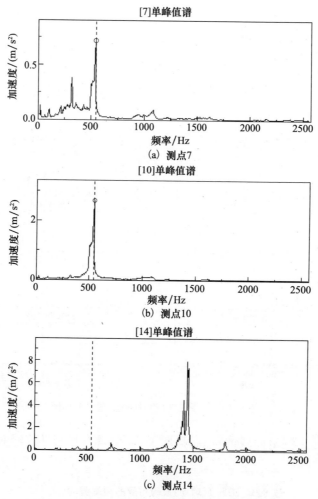

图 8.11　工况 1(启动)Y 向加速度频谱曲线对比图

　　图 8.11 是三个部件 Y 向加速度频谱曲线的对比图,其中测点 7、10、14 分别对应于高速输入轴、高速输出轴和发电机外壳的 Y 向加速度。由图 8.11 可知,在低频区域高速输入轴和输出轴的 Y 向加速度要大于发电机外壳的 Y 向加速度;在高频区域,发电机的 Y 向加速度要大于高速输入轴和输出轴的 Y 向加速度。

　　图 8.12 是四个部件 Z 向加速度频谱曲线的对比图,其中测点 2、5、13、15 分别对应于主轴承、齿轮箱后箱体、发电机转轴和发电机外壳的 Z 向加速度。由图 8.12 可知,在低频区域内,Z 向加速度最大的为齿轮箱后箱体,其次为发电机箱体,最小的为主轴承;在高频区域内,Z 向加速度最大的为发电机箱体,其次为齿轮

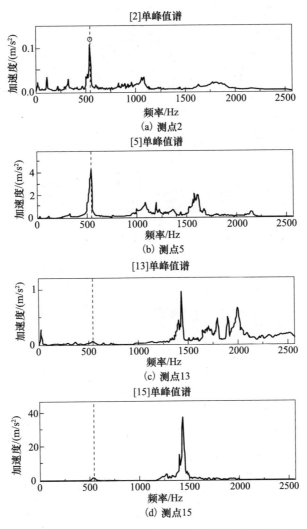

图 8.12　工况 1(启动)Z 向加速度频谱曲线对比图

箱后箱体,最小的仍为主轴承。

　　3) 与仿真结果的比较

　　本节选择高速输出轴对启动工况的试验结果与第 3 章中的仿真结果进行比较,其中图 8.13 是仿真计算中高速输出轴 X、Y、Z 三个方向在切入速度到切出速度时间内的加速度响应曲线,图 8.14 是对应的试验结果。

　　对比图 8.13 和图 8.14 可知,仿真计算启动加速过程中高速输出轴 X、Y、Z 三个方向的加速度时域波形曲线与试验启动工况对应结果的趋势基本一致,两者吻合得较好。

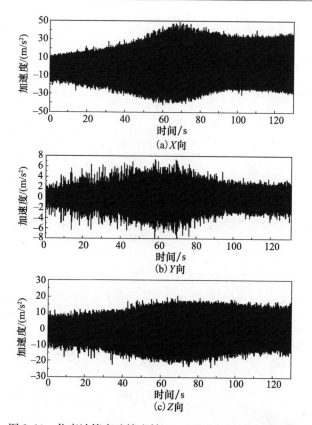

图 8.13　仿真计算高速输出轴 X、Y、Z 向加速度时域波形

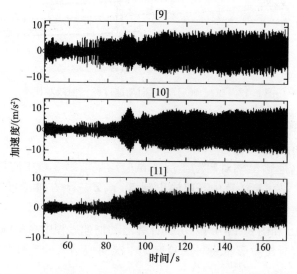

图 8.14　试验启动工况高速输出轴 X、Y、Z 向加速度时域波形

8.3.2　工况 2:停机(1200～0r/min)结果分析

工况 2 是风电机组的停机工况,发电机转速由 1200r/min 减速到 0r/min。同样,在该减速过程中,风电机组传动系统各部件转速将扫过其正常运行的区间,即激励的频率会涵盖风电机组正常运行时的所有频率范围,如果风电机组传动系统中出现共振现象,可能会在此过程中表现出来。因此,对该工况进行分析也有助于全面了解风电机组传动系统在运行过程中的振动特性。

1) 时域分析

图 8.15 是工况 2(停机)的全程时域波形图,图中共有 15 组数据,其中数据 1为转速信号,其余 14 组数据为加速度信号,数据采集时间为 100s,涵盖了风电机组整个停机减速过程。由图可知,各部件振动减速停机过程中的趋势基本一致,各部件振动响应比较平稳,加速度时域曲线没有出现异常的峰值。

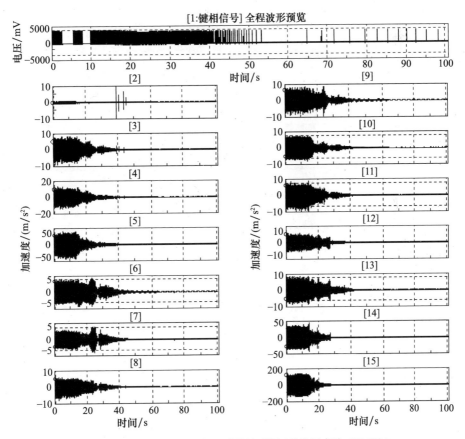

图 8.15　工况 2(停机)全程时域波形图(采样频率为 5120Hz)

2) 频域分析

对工况 2(停机)测得的 14 组加速度数据进行自谱分析得到 14 条加速度频谱曲线，如图 8.16 所示。

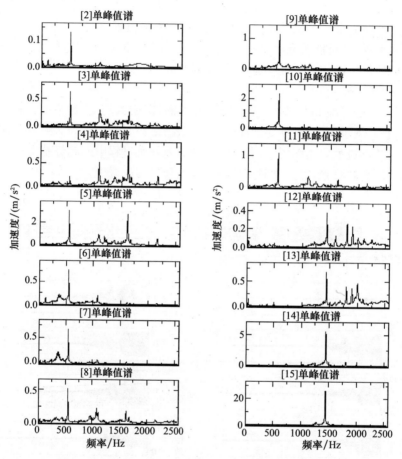

图 8.16　工况 2(停机)加速度频域波形图

通过分析该频域波形图的特点可以得到与工况 1 相似的结论。根据图中频谱曲线的特点提取了 13 个具有代表性波峰对应的频率，如表 8.4 所示。

表 8.4　工况 2(停机)波峰对应的频率值(单位：Hz)

序号	1	2	3	4	5	6	7	8	9	10	11	12	13
频率	10	20	110	225	350	540	975	1075	1185	1430	1590	1620	1800

综合图 8.16 和表 8.4 可以看出，传动系统中主轴承到高速输出轴之间频谱曲线最大幅值对应的频率为 540Hz、1185Hz、1620Hz，发电机各测点频谱曲线最大幅

值对应的频率为1430Hz,这与工况1(启动)结论一致。另外,将表8.3与表8.4进行对比可知,启动和停机工况各典型波峰频率基本一致。因此,工况1(启动)的相关结论同样适应于工况2(停机),这里不再进行阐述。

8.3.3 工况 3(820r/min)结果分析

工况3是风电机组稳定运行在发电机转速为820r/min时的工况,本节将对此工况的结果进行时域和频域分析,并与第3章中仿真计算模型的响应结果进行比较。

1) 时域分析

图8.17是工况3(820r/min)的时域波形图,图中共有15组数据,其中数据1为转速信号,其余14组数据为加速度信号,数据采集时间为250s。对图中数据进行时域分析可得到各项时域统计指标,包括幅值、有效值、标准差等,下面列出14组加速度数据的有效值如图8.18所示。

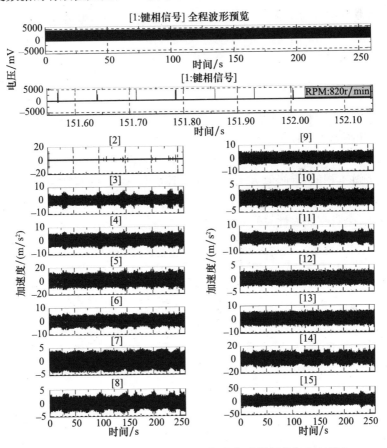

图 8.17　工况 3(820r/min)时域波形图(采样频率为 5120Hz)

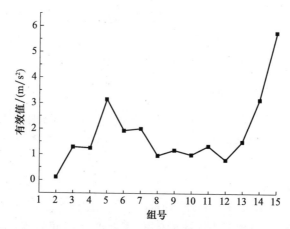

图 8.18　工况 3(820r/min)14 组加速度数据的有效值分布图

由图 8.18 可以看出,加速度有效值从主轴向发电机方向有增大的趋势,14 组数据中,主轴承 Z 向加速度有效值最小,约为 0.11m/s^2,发电机外壳 Z 向加速度有效值最大,达到了 5.8m/s^2;在齿轮箱三个箱体的 Z 向加速度响应中,后箱体加速度的有效值最大,约为 3.2m/s^2,箱体上的加速度也有沿着主轴向发电机方向增大的趋势。

2) 频域分析

对工况 3(820r/min)测得的 14 组加速度数据进行自谱分析得到 14 条加速度频谱曲线,如图 8.19 所示。

将图 8.19 与图 8.16 对比可知,工况 3 的频域曲线与启动和停机工况频域曲线大致趋势基本相似,但峰值大小和分布规律有较大的区别,特别是在启动、停机工况中没有出现波峰的频率区间内出现了较明显的波峰。根据图中频谱曲线的特点提取了 14 个具有代表性波峰对应的频率,如表 8.5 所示。

表 8.5　工况 3(820r/min)波峰对应的频率值(单位:Hz)

序号	1	2	3	4	5	6	7	8	9	10	11	12	13	14
频率	15	75	150	225	300	**370**	395	**750**	1035	**1110**	1245	1325	1445	1520

表 8.5 中加黑的数字表示传动系统中主轴承到高速输出轴之间频谱曲线出现较大峰值对应的频率,加波浪线的数字表示发电机各结构频谱曲线较大峰值对应的频率(以下表格中含义相同)。综合图 8.19 和表 8.5 可以得到以下几点结论:

(1)工况 3 在传动系统中主轴承到高速输出轴之间出现了倍频现象,其中包括基频约为 75Hz 的 1、2、3、4、5、10、15 倍频(单下划线表示)以及基频约为 370Hz 的 1、2、3 倍频(双下划线),并且两种倍频出现了重叠,因此频谱曲线对应的峰值也

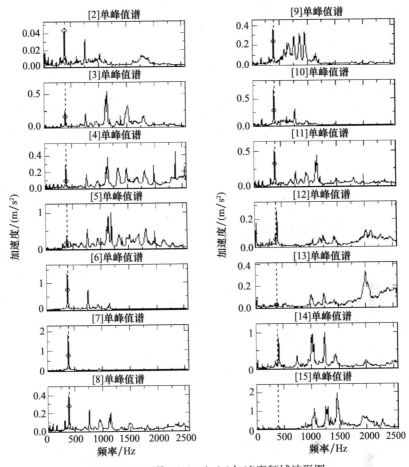

图 8.19　工况 3(820r/min)加速度频域波形图

比较大。

（2）在工况 3 的转速下，齿轮箱二级啮合频率 mesh2_1p 约为 74Hz，三级啮合频率 mesh3_1p 约为 368Hz。因此，这两种倍频可能是由 mesh2_1p 和 mesh3_1p 激发的。

（3）主轴承到高速输出轴之间各结构加速度响应的主要波峰点对应的频率分别为 370Hz、750Hz、1110Hz，既是 mesh3_1p 的 1、2、3 倍频，又是 mesh2_1p 的 5、10、15 倍频，这种倍频叠加现象加强了振动能量。

（4）序号 1 对应的 15Hz 频率最大峰值出现在发电机转轴上风向，该阶频率与此转速下高速输出轴 shaft3_1p(约为 14Hz)接近，而高速输出轴又与发电机相连，因此该波峰可能是由高速输出轴 shaft3_1p 激发的。

3）与仿真结果的比较

本节将风场测试试验结果与相应的仿真计算结果进行比较来验证某风电机组

传动系统动力学仿真模型的可靠性。由于仿真模型存在一定的简化，无法完全模拟风电机组的实际情况，本节以齿轮箱、高速轴、发电机作为分析对象进行近似对比。工况3的发电机转速为820r/min，对应于第3章中的时域计算时间约为35s。

首先对齿轮箱箱体振动试验测试结果与仿真计算结果进行比较，由于仿真计算中箱体被作为刚体来处理，并且是单独的零部件分析，而测试中布置在箱体上的传感器测量的是齿轮箱整体的振动响应，所以试验与仿真之间必然存在差异，且试验测得的幅值应大于仿真结果。两者结果分别如图8.20和图8.21所示。

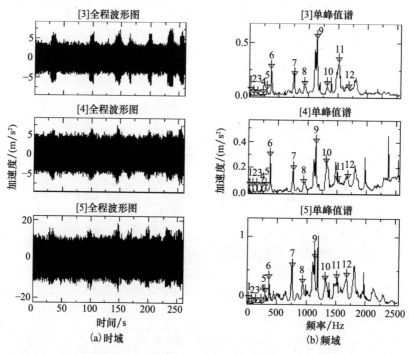

图 8.20　工况 3(820r/min)齿轮箱三个箱体 Z 向加速度的时域、频域波形图

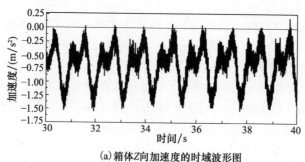

(a)箱体Z向加速度的时域波形图

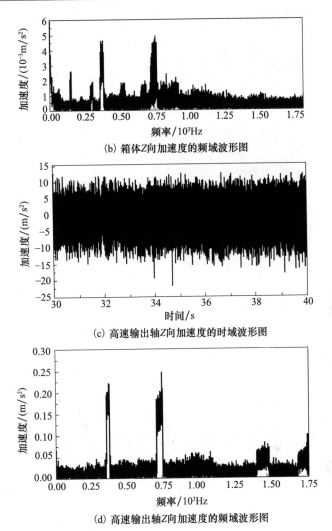

(b) 箱体Z向加速度的频域波形图

(c) 高速输出轴Z向加速度的时域波形图

(d) 高速输出轴Z向加速度的频域波形图

图 8.21　仿真计算 35s 时箱体和高速输出轴 Z 向加速度的时域、频域波形图

　　对比图 8.20 和图 8.21 可知,在时域波形中,试验测得的箱体振动响应与仿真计算结果中的箱体响应差别较大,这点与前面的预计一致;频域波形中,图 8.20 试验结果中出现的波峰频率为 370Hz、755Hz、1520Hz、1690Hz,分别对应于图 8.21 仿真结果频域中的 4 个波峰。

　　其次对高速输出轴 X、Y、Z 三个方向的试验和仿真结果进行对比,如图 8.22 和图 8.23 所示。

　　对比图 8.22 与图 8.23 可知,试验测得高速输出轴附近 X、Z 向加速度的时域幅值与仿真计算比较接近,Y 向加速度时域幅值差别较大,这是由于试验中的测点

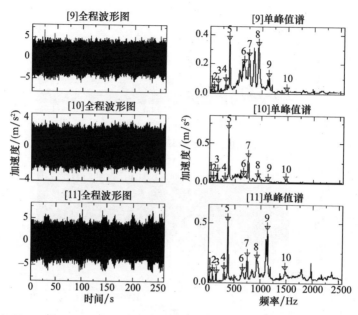

图 8.22　工况 3(820r/min)高速输出轴 X、Y、Z 向加速度的时域、频域波形图

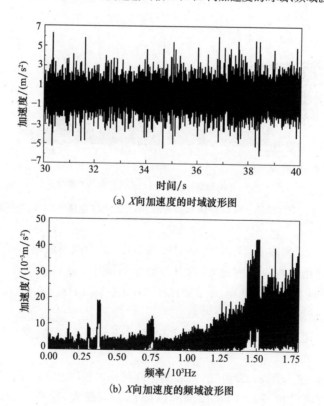

(a) X 向加速度的时域波形图

(b) X 向加速度的频域波形图

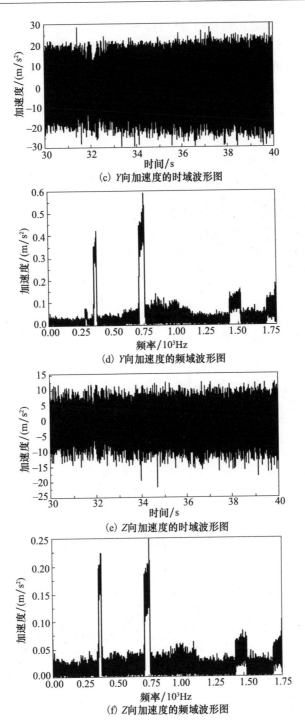

图 8.23　仿真计算 35s 时高速输出轴 X、Y、Z 向加速度的时域、频域波形图

(传感器)布置与高速输出轴最接近,能较真实地反映出高速输出轴的实际振动情况;在频域中,仿真计算结果中出现的几个波峰在试验结果中都有体现,分别对应于图 8.22 中的波峰。因此,这个位置的布点可以作为以后试验与仿真对比的首选测点位置。

最后对发电机转轴和发电机外壳 Z 向的试验和仿真结果对比,如图 8.24 和图 8.25 所示。

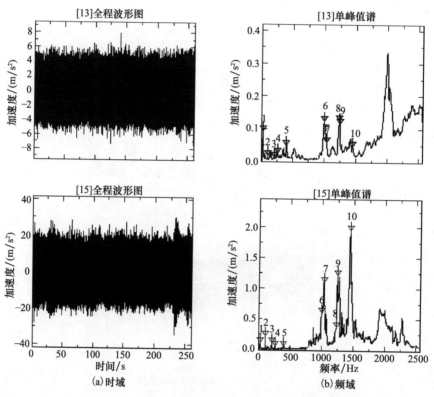

图 8.24　工况 3(820r/min)发电机转轴和发电机外壳 Z 向加速度的时域、频域波形图

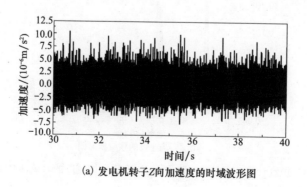

(a) 发电机转子Z向加速度的时域波形图

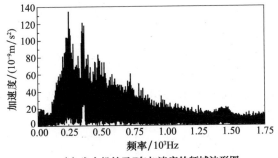

(b) 发电机转子Z向加速度的频域波形图

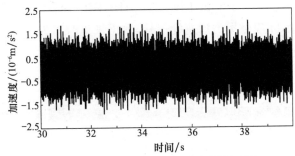

(c) 发电机定子Z向加速度的时域波形图

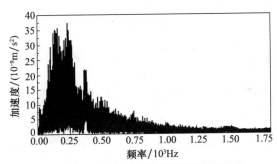

(d) 发电机转子Z向加速度的频域波形图

图 8.25　仿真计算 35 s 时发电机转子和定子 Z 向加速度的时域、频域波形图

　　由图 8.24 和图 8.25 可知,发电机转轴和发电机外壳由试验测得的结果与仿真计算得到 Z 向加速度的时域、频域结果差别都较大。试验结果中,加速度响应幅值较大,且主要集中在高频区域,而仿真计算中响应主要集中在低频区域。这可能是由于以下几个方面的原因:①在仿真分析中,发电机转子和定子都是用刚体来处理的,没有考虑其弹性,都是作为单独的零部件来考虑,但实际测量中的布点是在其外壳,发电机外壳并非刚性体;②发电机仿真建模相对简单,而实际中发电机结构比较复杂,其大部分动力学特性无法体现出来;③在试验结果中,发电机壳体响应频谱曲线主要集中在 1000Hz 以上的高频区域,甚至超过了 2500Hz,这些响应

可能是由发电机附加系统的高频激励以及电磁激励激发的,本书在仿真计算中没有考虑这方面的激励。

8.3.4　工况 4(865r/min)结果分析

工况 4 是风电机组稳定运行在发电机转速为 865r/min 时的工况,本节将对该工况的结果进行时域和频域分析,并与第 3 章中仿真计算模型的响应结果进行比较。

1) 时域分析

图 8.26 是工况 4(865r/min)的时域波形图,图中共有 15 组数据,其中数据 1 为转速信号,其余 14 组数据为加速度信号,数据采集时间为 180s。对图中数据进行时域分析可得到各项时域统计指标,包括幅值、有效值、标准差等,得到 14 组加速度数据的有效值如图 8.27 所示。

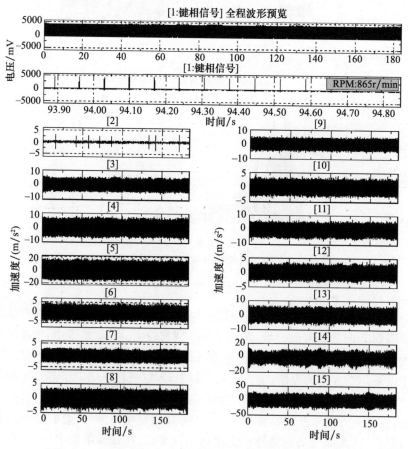

图 8.26　工况 4(865r/min)时域波形图(采样频率为 5120Hz)

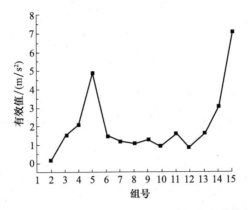

图 8.27　工况 4(865r/min)14 组加速度数据的有效值分布图

将图 8.27 与图 8.18 比较可知,工况 4(865r/min)与工况 3(820r/min)各加速度有效值分布规律是一致的,只是数值大小有些差别。最小的主轴承 Z 向加速度约为 0.12m/s²,最大的发电机外壳 Z 向加速度有效值为 7.1m/s²,齿轮箱后箱体 Z 向加速度有效值约为 4.8m/s²,比工况 3 略大。

2) 频域分析

对工况 4(865r/min)测得的 14 组加速度数据进行自谱分析得到 14 条加速度频谱曲线,如图 8.28 所示。

将该图与工况 3 的频域图对比可知,两个工况频域曲线趋势基本一致,只是峰值大小和位置出现了一点变化。根据频谱曲线的特点提取了 14 个具有代表性波峰对应的频率,如表 8.6 所示。

表 8.6　工况 4(865r/min)波峰对应的频率值(单位:Hz)

序号	1	2	3	4	5	6	7	8	9	10	11	12	13	14
频率值	15	80	160	235	310	**385**	**780**	975	1045	**1155**	1280	1375	1450	**1545**

综合图 8.28 和表 8.6 可以得到以下几点与工况 3 相似的结论:

(1) 工况 4 在传动系统中主轴承到高速输出轴之间出现了倍频现象,其中包括基频在 75~80Hz 的 1、2、3、4、5、10、15、20 倍频(单下划线表示)以及基频约为 385Hz 的 1、2、3、4 倍频(双下划线表示),并且两种倍频出现了重叠。

(2) 在工况 4 的转速下,齿轮箱二级啮合频率 mesh2_1p 约为 78Hz,三级啮合频率 mesh3_1p 约为 389Hz。因此,这两种倍频可能是由 mesh2_1p 和 mesh3_1p 激发的。

(3) 主轴承到高速输出轴之间各结构加速度响应的主要波峰对应的频率分别为 385Hz、780Hz、1155Hz、1545Hz,既是 mesh3_1p 的 1、2、3、4 倍频,又是 mesh2_1p 的 5、10、15、20 倍频,这种倍频叠加现象加大了振动能量。

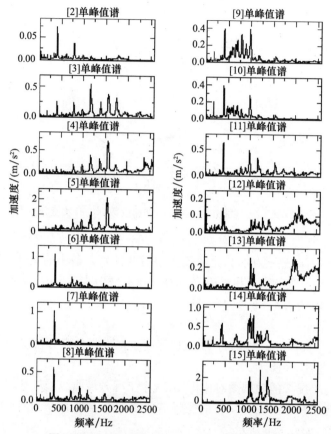

图 8.28　工况 4(865r/min)加速度频域波形图

（4）序号 1 对应的 15Hz 频率最大峰值出现在发电机转轴上风向，该阶频率与此转速下高速输出轴 shaft3_1p(约为 14Hz)接近，而高速输出轴又与发电机相连，因此该波峰可能是由高速输出轴 shaft3_1p 激发的。

3）与仿真结果的比较

本节将选择工况 4 中主轴承座、高速轴作为分析对象。工况 4 的发电机转速为 865r/min，对应于第 3 章中的时域计算时间约为 44s。

首先考虑主轴承座振动响应对比，由于仿真模型中没有建立轴承座的模型，所以用主轴 Z 向振动响应来近似与试验结果进行比较，如图 8.29 和图 8.30 所示。

对比图 8.29 和图 8.30 可知，时域方面，试验测得的主轴承座 Z 向振动响应幅值约为 0.2m/s²，仿真计算中主轴 Z 向加速度幅值结果约为 0.02m/s²，与试验结果差别较大；在频域方面，图 8.29 仿真结果频谱曲线中出现的波峰在试验结果中都有体现，它们的频率分别为 155Hz、385Hz、785Hz 和 975Hz。

其次对高速输出轴 X、Y、Z 三个方向的试验和仿真结果对比，如图 8.31 和图 8.32 所示。

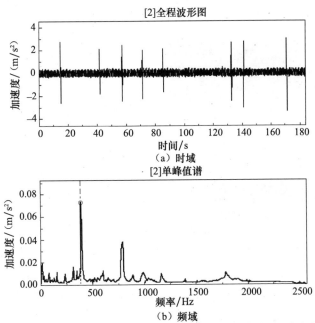

图 8.29　工况 4(865r/min)主轴承座 Z 向加速度的时域、频域波形图

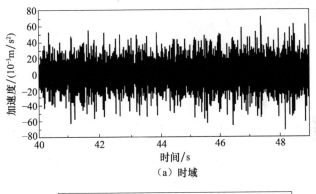

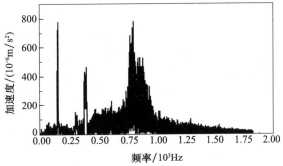

图 8.30　仿真计算 44s 时主轴 Z 向加速度的时域、频域波形图

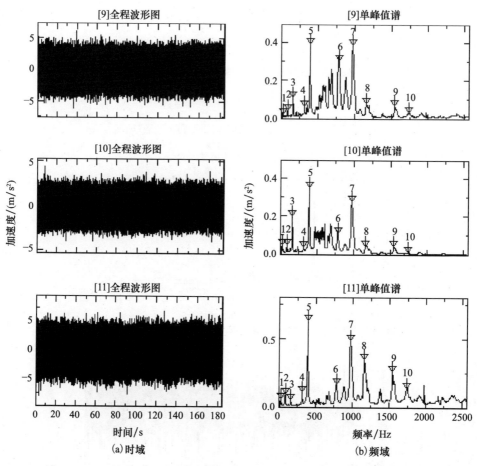

图 8.31　工况 4(865r/min)高速输出轴 X、Y、Z 向加速度的时域、频域波形图

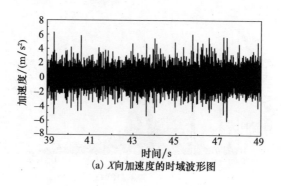

(a) X 向加速度的时域波形图

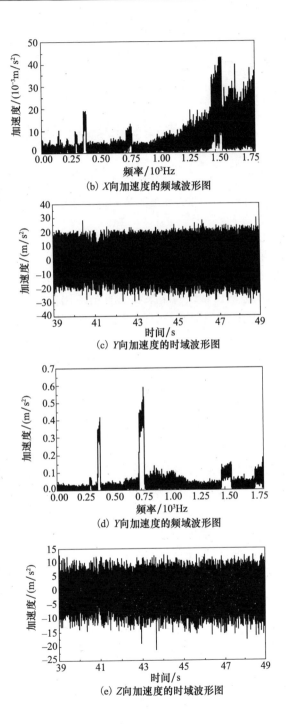

(b) *X*向加速度的频域波形图

(c) *Y*向加速度的时域波形图

(d) *Y*向加速度的频域波形图

(e) *Z*向加速度的时域波形图

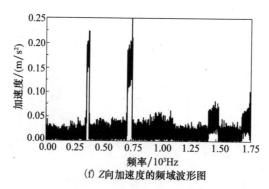

(f) Z向加速度的频域波形图

图 8.32　仿真计算 44s 时高速输出轴 X、Y、Z 向加速度的时域、频域波形图

对比图 8.31 与图 8.32 可知,试验测得高速输出轴附近 X、Z 向加速度的时域幅值与仿真计算结果比较接近,Y 向加速度时域幅值差别较大;在频域中,仿真计算结果中出现的几个波峰在试验结果中都有体现,分别对应于图 8.31 中的第 3、4、5、6、9、10 等波峰。高速输出轴试验结果和仿真结果比较吻合,因此在后面的工况中将只考虑高速输出轴试验结果和仿真结果的对比分析。

8.3.5　工况 5(900r/min)、工况 6(920r/min)、工况 7(930r/min)结果分析

工况 5、6、7 三个工况对应的转速比较接近,在本节中一并进行处理。本节将对这三个工况的结果进行时域和频域分析,并与第 3 章中仿真计算模型的响应结果进行比较。

1) 时域分析

图 8.33 是工况 5(900r/min)的时域波形图,图中共有 15 组数据,其中数据 1 为转速信号,其余 14 组数据为加速度信号,数据采集时间为 195s。工况 6 和 7 与工况 5 时域波形图基本一致,这里不再列出。对三个工况数据进行时域分析得到各工况 14 组加速度数据的有效值,如图 8.34 所示。

由图 8.34 可知,工况 5(900r/min)、工况 6(920r/min)和工况 7(930r/min)各加速度有效值分布规律是一致的,只是在高速端及发电机部分数值大小有些差别。由图 8.34 可以看出,随着发电机转速的增高,发电机端的振动加速度有增大的趋势。

2) 频域分析

对工况 5、6、7 测得的 14 组加速度数据进行自谱分析得到 14 条加速度频谱曲线,分别如图 8.35~图 8.37 所示。

由图 8.35~图 8.37 可知,三个工况频域曲线趋势基本一致,只是峰值大小和位置出现了一点变化。根据频谱曲线的特点提取了具有代表性波峰对应的频率,如表 8.7 所示。

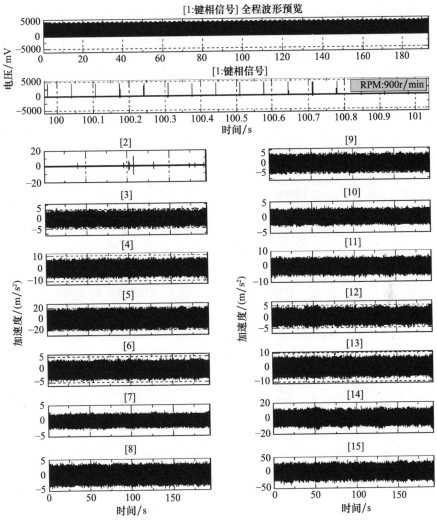

图 8.33　工况 5(900r/min)时域波形图(采样频率为 5120Hz)

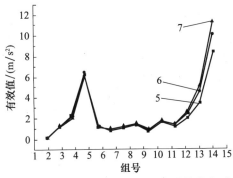

图 8.34　工况 5、6、7 加速度数据的有效值分布对比图

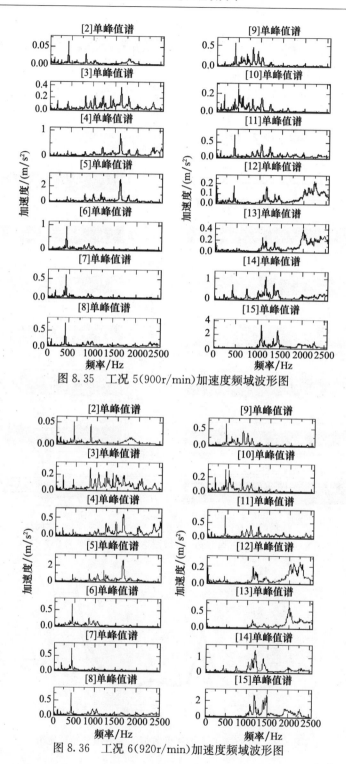

图 8.35 工况 5(900r/min)加速度频域波形图

图 8.36 工况 6(920r/min)加速度频域波形图

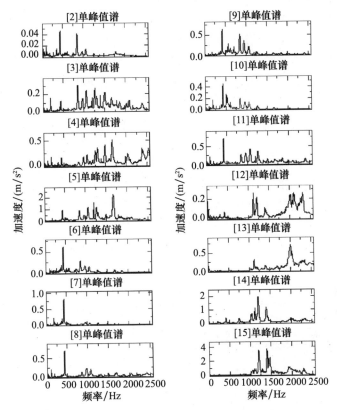

图 8.37 工况 7(930r/min)加速度频域波形图

表 8.7 工况 5、6、7 波峰对应的频率值对比(单位：Hz)

序号	1	2	3	4	5	6	7	8	9	10	11	12	13	14
工况 5	10	15	80	160	245	325	405	810	1020	1070	1155	1445	1625	
工况 6	10	15	85	165	250	330	415	830	1045	1110	1185	1240	1395	1655
工况 7	10	15	85	165	250	335	420	835	1050	1115	1195	1400	1490	1665

综合图 8.35～图 8.37 和表 8.7 可以得到与工况 3、4 相似的结论：

(1) 三个工况都出现了倍频现象，其中工况 5 出现基频约为 81Hz 的 1、2、3、4、5、10、20(单下划线表示)以及基频约为 405Hz 的 1、2、4 倍频(双下划线表示)，工况 6 出现基频约为 83Hz 的 1、2、3、4、5、10、20 以及基频约为 415Hz 的 1、2、4 倍频，工况 7 出现基频约为 83.5Hz 的 1、2、3、4、5、10、20 以及基频约为 420Hz 的 1、2、4 倍频。

(2) 三个工况下二级啮合频率 mesh2_1p 分别约为 80.9Hz、82.7Hz、83.6Hz，三级啮合频率 mesh3_1p 分别为 404.2Hz、413.2Hz、417.7Hz。因此，这些倍频现

象可能是由 mesh2_1p 和 mesh3_1p 激发的。

（3）每个工况的两个倍频都有重叠现象，而这些倍频重叠的频率对应的加速度响应值较大，这种倍频叠加现象加大了振动能量。

（4）序号 2 对应的 15Hz 频率最大峰值出现在发电机转轴上风向，该阶频率与此转速下高速输出轴 shaft3_1p（三个工况对应的频率分别约为 14.9Hz、15.2Hz、15.4Hz）接近，而高速输出轴又与发电机相连，因此该波峰可能是由高速输出轴 shaft3_1p 激发的。

3）与仿真结果的比较

本节选择三个工况中的工况 6 与仿真计算结果进行对比，根据前面分析的结论，本节对比的目标只考虑高速输出轴的加速度响应。工况 6 的发电机转速为 920r/min，对应于第 3 章中的时域计算时间约为 55s。

其次对高速输出轴 X、Y、Z 三个方向的试验和仿真结果对比，如图 8.38 和图 8.39 所示。

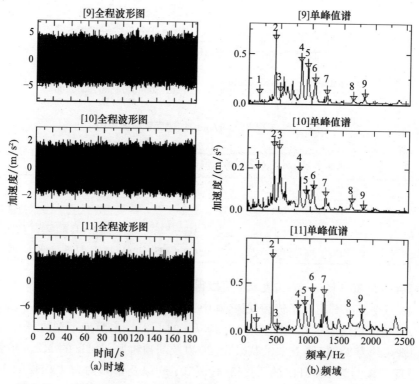

图 8.38　工况 6(920r/min)高速输出轴 X、Y、Z 向加速度的时域、频域波形图

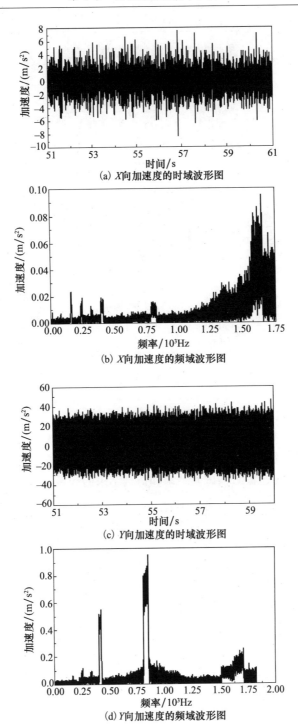

(a) X向加速度的时域波形图

(b) X向加速度的频域波形图

(c) Y向加速度的时域波形图

(d) Y向加速度的频域波形图

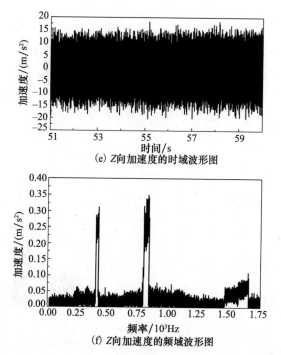

(e) Z向加速度的时域波形图

(f) Z向加速度的频域波形图

图 8.39　仿真计算 55s 时高速输出轴 X、Y、Z 向加速度的时域、频域波形图

对比图 8.38 与图 8.39 可知,试验测得高速输出轴附近 X、Z 向加速度的时域幅值与仿真计算结果比较接近,Y 向加速度时域幅值差别较大;在频域中,仿真计算结果中出现的几个波峰在试验结果中都有体现,分别对应于图 8.38 中的第 2、4、8 等波峰。这说明高速输出轴试验结果和仿真结果的频域特性一致性较好。

8.3.6　工况 8(990r/min)、工况 9(1100r/min)结果分析

工况 8、9 分别是风电机组稳定运行在发电机转速为 990r/min、1100r/min 时的工况。本节将对这两个工况的结果进行时域和频域分析,并与第 3 章中仿真计算模型的响应结果进行比较。

1) 时域分析

图 8.40 是工况 8(990r/min)的时域波形图,图中共有 15 组数据,其中数据 1 为转速信号,其余 14 组数据为加速度信号,数据采集时间为 180s;工况 9 的时域图与之类似。对两个工况加速度数据的有效值进行对比如图 8.41 所示。

由图 8.41 可知,工况 8(990r/min)、工况 9(1100r/min)各加速度有效值分布规律是一致的,只是在高速端及发电机部分数值大小有些差别。由图 8.41 可以看出,随着发电机转速的增高,各部件的振动加速度有增大的趋势。

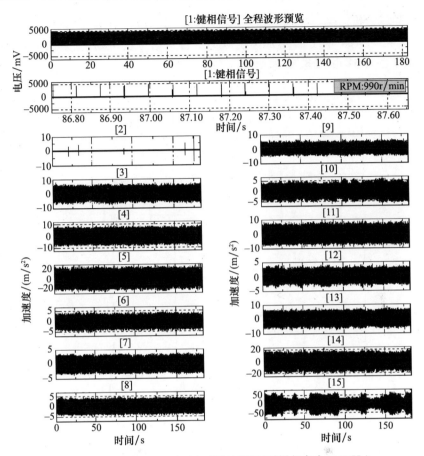

图 8.40　工况 8(990r/min)时域波形图(采样频率为 5120Hz)

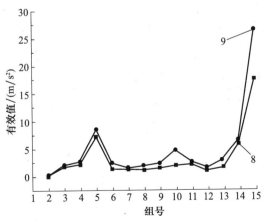

图 8.41　工况 8、9 加速度数据的有效值分布对比图

2) 频域分析

对工况 8、9 测得的 14 组加速度数据进行自谱分析得到 14 条加速度频谱曲线,分别如图 8.42 和图 8.43 所示。

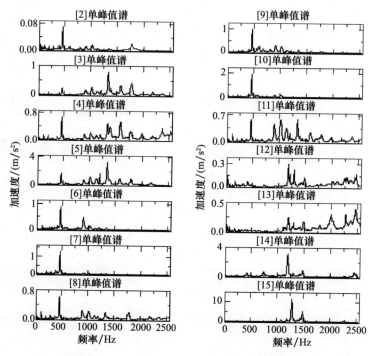

图 8.42　工况 8(990r/min)加速度频域波形图

由图 8.42 和图 8.43 可知,两个工况频域曲线趋势基本一致,只是峰值大小和位置出现了一点变化。根据频谱曲线的特点提取了具有代表性波峰对应的频率,如表 8.8 所示。

表 8.8　工况 8、9 波峰对应的频率值对比(单位：Hz)

序号	1	2	3	4	5	6	7	8	9	10	11	12	13	14
工况 8	15	90	180	265	355	**445**	**890**	1020	1190	1280	**1340**	1480	1585	**1785**
工况 9	20	100	200	300	395	**495**	**995**	1310	1325	1450	**1485**	1655	1765	**1985**

综合图 8.42、图 8.43 和表 8.8 可以得到以下几点结论：

(1) 两个工况在传动系统中主轴承到高速输出轴之间出现了倍频现象,其中工况 8 出现基频约为 89Hz 的 1、2、3、4、5、10、15、20 倍频(单下划线表示)以及基频

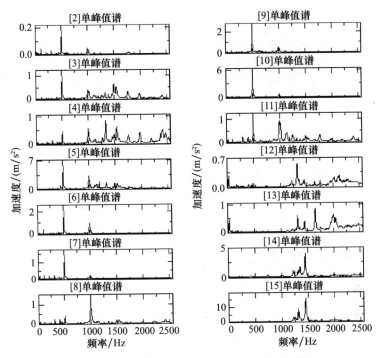

图 8.43　工况 9(1100r/min)加速度频域波形图

约为 445Hz 的 1、2、3、4 倍频(双下划线表示),工况 9 出现基频约为 99Hz 的 1、2、3、4、5、10、15、20 倍频(单下划线表示)以及基频为 495Hz 的 1、2、3、4 倍频(双下划线表示),并且两个工况下的两种倍频出现了重叠。

(2) 这两个工况下二级啮合频率 mesh2_1p 分别约为 89Hz、99Hz,三级啮合频率 mesh3_1p 分别约为 445Hz、494Hz。因此,这些倍频现象可能是由二级啮合频率 mesh2_1p 和三级啮合频率 mesh3_1p 引起的,而倍频重叠现象加大了振动能量。

(3) 工况 8 和 9 中序号 1 分别对应的 15Hz、20Hz 频率最大峰值都出现在发电机转轴上风向,该阶频率与响应转速下高速输出轴 shaft3_1p(分别约为 16Hz、18Hz)接近,而高速输出轴又与发电机相连,因此该波峰可能是由高速输出轴 shaft3_1p 激发的。

3) 与仿真结果的比较

本节选择工况 8 高速输出轴的试验结果与仿真计算结果进行对比,对应于第 3 章中的时域计算时间约为 69s。

对比图 8.44 与图 8.45 可知,试验测得高速输出轴附近 X、Z 向加速度的时域幅值与仿真计算结果比较接近,Y 向加速度时域幅值差别较大;在频域中,仿真计

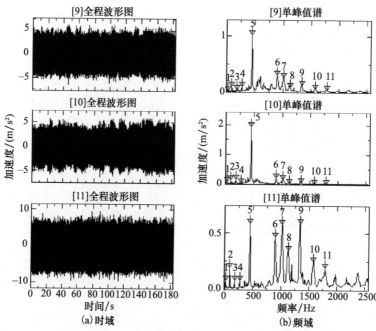

图 8.44　工况 8(990r/min)高速输出轴 X、Y、Z 向加速度的时域、频域波形图

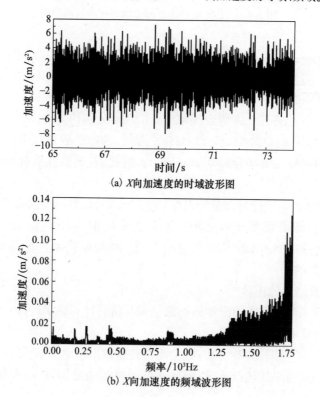

(a) X 向加速度的时域波形图

(b) X 向加速度的频域波形图

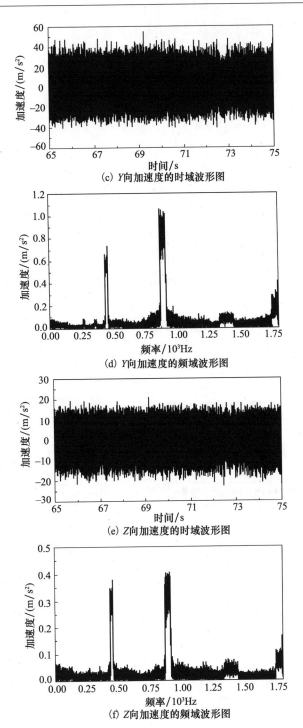

(c) Y 向加速度的时域波形图

(d) Y 向加速度的频域波形图

(e) Z 向加速度的时域波形图

(f) Z 向加速度的频域波形图

图 8.45　仿真计算 69s 时高速输出轴 X、Y、Z 向加速度的时域、频域波形图

算结果中出现的几个波峰在试验结果中都有体现,分别对应于图 8.44 中的第 4、5、6、9、11 等波峰。

8.3.7　工况 10(1200r/min,额定)结果分析

工况 10 是风电机组稳定运行在额定转速(1200r/min)时的工况,此工况是本次试验关注的重点,本节将对此工况的结果进行较详细的时域和频域分析,并与第 3 章中仿真计算模型的响应结果进行比较。

1) 时域分析

图 8.46 是工况 10(1200r/min)的时域波形图,图中共有 15 组数据,其中数据 1 为转速信号,其余 14 组数据为加速度信号,数据采集时间为 200s。对图中数据进行时域分析,列出 14 组加速度数据的有效值如图 8.47 所示。

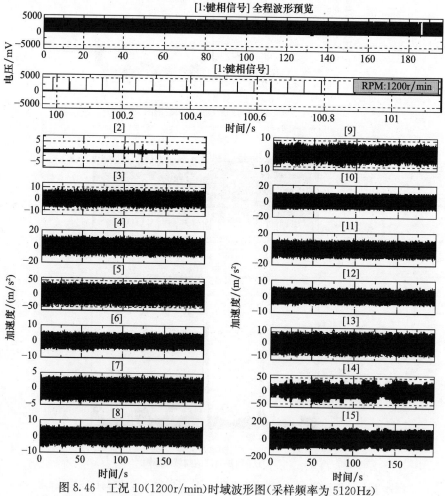

图 8.46　工况 10(1200r/min)时域波形图(采样频率为 5120Hz)

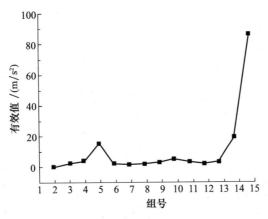

图 8.47 工况 10(1200r/min)14 组加速度数据的有效值分布图

与前面其他工况对应的分布图比较可知,各工况加速度有效值分布规律是一致的,只是数值大小有些差别;随着发电机转速的提高,风电机组各部件加速度有效值有增大的趋势。

2) 频域分析

对工况 10(1200r/min)测得的 14 组加速度数据进行自谱分析得到 14 条加速度频谱曲线,如图 8.48 所示。

由图 8.48 可知,工况 10 的频域曲线与前面工况的趋势基本一致,只是峰值大小和位置出现了一点变化。根据频谱曲线的特点提取了 12 个具有代表性波峰对应的频率,如表 8.9 所示。

表 8.9 工况 10(1200r/min)波峰对应的频率值(单位:Hz)

序号	1	2	3	4	5	6	7	8	9	10	11	12
频率值	10	20	110	215	325	430	**540**	**1080**	1435	1595	**1620**	1800

综合图 8.48 和表 8.9 可以得到以下几点结论:

(1) 工况 10 在传动系统中主轴承到高速输出轴之间也出现了倍频现象,其中包括基频约为 110Hz 的 1、2、3、4、5、10、15 倍频(单下划线表示)以及基频约为 540Hz 的 1、2、3 倍频(双下划线表示),并且两种倍频出现了重叠。

(2) 在工况 10 的转速下,齿轮箱二级啮合频率 mesh2_1p 约为 109Hz,三级啮合频率 mesh3_1p 约为 544Hz。因此,这两种倍频可能是由 mesh2_1p 和 mesh3_1p 激发的。

(3) 主轴承到高速输出轴之间各结构加速度响应的主要波峰对应的频率分别为 540Hz、1080Hz、1620Hz,既是 mesh3_1p 的 1、2、3 倍频,又是 mesh2_1p 的 5、

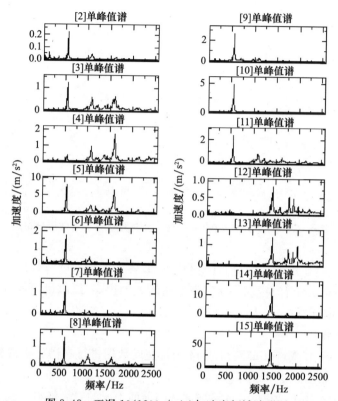

图 8.48　工况 10(1200r/min)加速度频域波形图

10、15 倍频,这种倍频叠加现象加大了振动能量。

（4）序号 2 对应的 20Hz 频率最大峰值出现在发电机转轴上风向,该阶频率与此转速下高速输出轴 shaft3_1p(约为 20.1Hz)接近,而高速输出轴又与发电机相连,因此该波峰可能是由高速输出轴 shaft3_1p 激发的。

3) 典型频率结果分析

为进一步验证上面的结论,本节选择几个具有代表性的频率进行进一步分析。

（1）20Hz 时各谱线对比。

图 8.49 是工况 10 在频率为 20Hz 时的加速度频域幅值对比图。由图可知,20Hz 时加速度幅值由大到小对应的测点号依次为 13、15、10、7、14、12、11、8、5、6、4、3、2,对应的部件分别为发电机转轴（上风向）、发电机外壳、高速输出轴、高速输入轴、后箱体、中箱体、前箱体。根据图 8.49 以及前面的分析可以认为,该频率下的响应由高速输出轴 shaft3_1p 激发的可能性较大。

（2）110Hz 时各谱线对比。

图 8.50 是工况 10 在频率为 110Hz 时的加速度频域幅值对比图。由图可知,

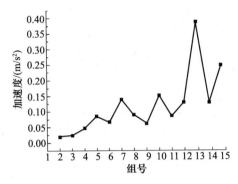

图 8.49　工况 10(1200r/min)20Hz 时加速度频域幅值对比图(Z 向)

110Hz 时加速度幅值由大到小对应的测点号依次为 6、5、9、15、11、7、8、10、4、3、2、14、13、12,对应的部件分别为高速输入轴、后箱体、高速输出轴、中箱体、前箱体、主轴承、发电机。根据图 8.50 以及前面的分析可以认为,该频率下的波峰由 mesh2_1p 激发的可能性较大。

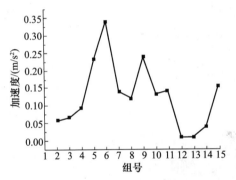

图 8.50　工况 10(1200r/min)110Hz 时加速度频域幅值对比图(Z 向)

(3) 540Hz 时各谱线对比。

图 8.51 是工况 10 在频率为 540Hz 时的加速度频域幅值对比图。由图可知,540Hz 时加速度幅值由大到小对应的测点号依次为 5、10、9、11、6、7、8、3、4、2、15、14、12、13,对应的部件分别为后箱体、高速输出轴、高速输入轴、前箱体、中箱体、主轴承、发电机。根据图 8.51 以及前面的分析可以认为,该频率下的波峰由 mesh3_1p 激发的可能性较大。

4) 与仿真结果的比较

本节选择工况 10 中高速输出轴的试验与仿真结果进行近似对比。工况 10 的发电机转速为 1200r/min,对应于第 3 章中的时域计算时间约为 112s。

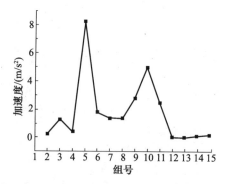

图 8.51　工况 10(1200r/min)540Hz 时加速度频域幅值对比图(Z 向)

　　对比图 8.52 与图 8.53 可知,试验测得高速输出轴附近 X、Z 向加速度的时域幅值与仿真计算比较接近,Y 向加速度时域幅值差别较大;在频域中,仿真计算结果中出现的几个波峰在试验结果中都有体现,分别对应于图 8.52 中的第 1、3、4、5、6、7、8 等波峰,说明高速输出轴试验结果和仿真结果的频域特性一致性较好。

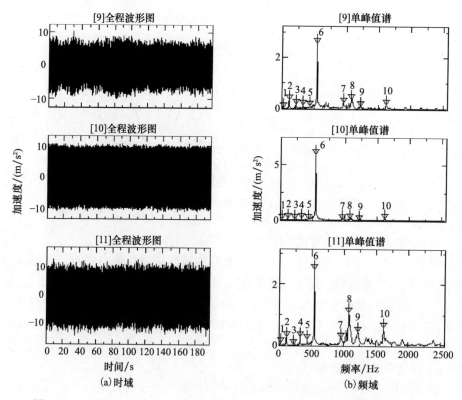

图 8.52　工况 10(1200r/min)高速输出轴 X、Y、Z 向加速度的时域、频域波形图

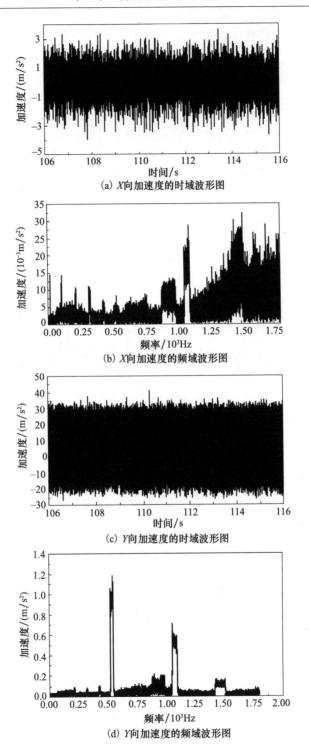

(a) X向加速度的时域波形图

(b) X向加速度的频域波形图

(c) Y向加速度的时域波形图

(d) Y向加速度的频域波形图

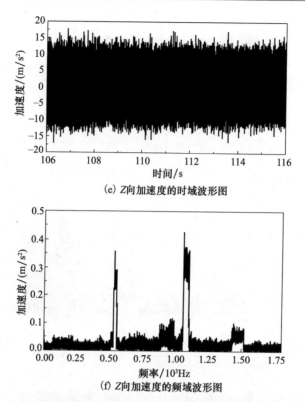

(e) Z 向加速度的时域波形图

(f) Z 向加速度的频域波形图

图 8.53　仿真计算 112s 时高速输出轴 X、Y、Z 向加速度的时域、频域波形图

8.4　主要试验结论

本章通过对某风电机组主传动系统振动特性风场测试试验 10 个工况的数据进行处理和分析,并与第 3 章中该型风电机组传动系统动力学仿真计算结果进行对比,得到以下结论:

(1) 对启动、停机工况的时域和频域分析表明,启动、停机响应平稳,无明显共振现象,这验证了第 3 章中动力学仿真分析的相关结论。

(2) 风电机组传动系统各部件在不同工况下振动响应分布的趋势一致,低速端幅值较小,高速端幅值较大,并随着发电机转速的提高而有增大的趋势。

(3) 传动系统上各结构响应的频域特性呈现出分段的特点,即联轴器前面的齿轮箱各结构频域特性相似,与后面发电机的频域特性存在较大的差别,这说明联轴器在风电机组传动系统动力学中具有重要的作用。

(4) 在主轴承到高速输出轴之间的频域响应出现了倍频现象,这些倍频主要是由齿轮二级啮合频率 mesh2_1p 和三级啮合频率 mesh3_1p 激发的,并且随着发电机转速的变化,各频率也相应产生偏移。

(5) 由于该型风电机组传动系统设计中二级啮合频率 mesh2_1p 和三级啮合频率 mesh3_1p 刚好存在一个 5 倍的关系,因此两个啮合频率激发的倍频产生了重叠现象,这加强了重叠部分的振动能量。

(6) 发电机转轴振动响应在低频附近(15Hz 或 20Hz)出现的峰值可能是由高速输出轴转动频率 shaft3_1p 激发的。

(7) 通过对试验结果和动力学仿真分析结果进行比较可知,二者在主轴承到高速输出轴之间各结构的时域和频域特性一致性较好,试验结果验证了动力学仿真分析结果的可靠性。

(8) 动力学仿真计算中没有考虑发电机的附加系统以及电磁环境等,所以在仿真计算中无法体现试验表现出的高频特性。

(9) 通过本次试验基本验证了第 3 章中动力学仿真模型及分析结果的合理性和可靠性,仿真计算在一定程度上可以代替试验的作用,这对于优化风电机组传动系统设计、改善传动系统动力学特性以及降低试验成本等都具有重要的意义。

(10) 风电机组传动系统结构紧凑、布局严密,因此部件之间振动的相互影响程度很高,如何选择合理的测点位置来收集高分辨率的测试数据,判断风电机组的振动特性、振动来源是试验的关键。

本章在对多台风电机组进行振动测试和分析的工作基础上,总结出针对风电机组传动系统振动测试最优的测点位置。通过对大量风电机组载荷计算结果和动力学分析结果对比,总结出对传动系统振动特性影响程度较高的特征工况,在真实风场环境中的风电机组,可以根据经验对其运行工况有选择地进行振动测试。

参 考 文 献

曹人靖,叶枝全. 1998. 水平轴风力机气动力学与气动弹性力学的某些问题. 风力发电,14(1):5-10.

常明飞. 2006. 风力机桨叶动力学特性研究. 沈阳:沈阳工业大学硕士学位论文.

陈娟. 2001. 伺服系统低速特性与抖动补偿研究. 长春:中国科学院长春光学精密机械与物理研究所博士学位论文.

陈盼. 2011. 基于多尺度分解的风电场风速预测研究. 广州:华南理工大学硕士学位论文.

陈永校,诸自强,应善成. 2004. 电机噪声的分析和控制. 杭州:浙江大学出版社.

邓峰岩,和兴锁,张娟,等. 2004. 修正的 Craig-Bampton 方法在多体系统动力学建模中的应用. 机械设计,3:41-43.

窦修荣. 1995. 平轴风力机气动性能及结构动力学特性研究. 济南:山东工业大学博士学位论文.

鄂加强,李光明,张彬,等. 2011. 兆瓦级风电偏航减速机行星齿轮疲劳仿真分析. 湖南大学学报(自然科学版),38(9):32-38.

鄂加强,张彬,董江东,等. 2011. 新型风电偏航减速机动力学仿真分析. 中南大学学报(自然科学版),42(8):2324-2331.

傅志方,华宏星. 2000. 模态分析理论与应用. 上海:上海交通大学出版社.

盖廓. 2006. 新型控制策略在交流伺服系统中的应用研究. 天津:天津大学硕士学位论文.

高爽,冬雷,高阳,等. 2012. 基于粗糙集理论的中长期风速预测. 中国电机工程学报:32-37.

管胜利. 2009. 基于局域波分解及时间序列的风电场风速预测研究. 华北电力技术,(1):10-13.

郭健. 2003. 风力发电机整机性能评估与载荷计算的研究. 大连:大连理工大学硕士学位论文.

郭元超,许移庆,王凡,等. 2012. 风轮质量不平衡对风电机组载荷的影响分析. 风能,(2):70-72.

贺益康,胡家兵. 2012. 双馈异步风力发电机并网运行中的几个热点问题. 中国电机工程学报,32(27):1-15.

贺益康,胡家兵,徐烈. 2012. 并网双馈异步风力发电机运行控制. 北京:中国电力出版社.

洪嘉振,尤超蓝. 2004. 刚柔耦合系统动力学研究进展. 动力学与控制学报,2:3-8.

胡家兵,贺益康,王宏胜,等. 2010. 不平衡电网电压下双馈感应发电机网侧和转子侧变换器的协同控制. 中国电机工程学报,30(9):97-104.

胡家兵,贺益康,王宏胜,等. 2010. 不平衡电网电压下双馈感应发电机转子侧变换器的比例-谐振电流控制策略. 中国电机工程学报,30(6):48-56.

姜香梅. 2002. 有限单元法在风力发电机组开发中的应用研究. 乌鲁木齐:新疆农业大学硕士学位论文.

靳畅,周鋐. 2008. 应用 PolyMAX 法的副车架试验模态以及相关性分析. LMS 中国用户大会论文集:1-8.

李本立,安玉华. 1997. 风机塔架俯仰与桨叶挥舞的耦合运动. 太阳能学报,18(1):65-67.

李进泽,王建良.2013.并网型双馈风力发电机设计中的关键技术.大功率变流技术,(3):21-25.

李笑,卜继玲,黄运华,等.2010.SIMPACK 中的柔性体动力学仿真分析研究.机械制造与自动化,39(1):91-94.

廖明夫,宋文萍,王四季,等.2013.风力机设计理论与结构动力学.西安:西北工业大学出版社.

凌爱民,庄岳兴.2001.大型风力发电机组动力学分析方法.风力发电,(4):42-49.

刘建勋,胡伟辉,林胜,等.2011.双馈式风力发电机减振系统的优化.噪声与振动控制,(3):29-32.

刘金琨,尔联洁.2002.摩擦非线性环节的特性、建模与控制补偿综述.系统工程与电子技术,24(11):45-52.

龙英睿,周成,张冬妮.2013.大型风力发电机定子支架的振动分析.技术与市场,20(4):67-68.

潘迪夫,刘辉,李燕飞.2008.风电场风速短期多步预测改进算法.中国电机工程学报,28(26):87-91.

潘振宽,孙红旗,臧宏文,等.1996.多体系统动力学微分/代数方程组修正的 QR 分解法.青岛大学学报,4:40-45.

邱家俊.1996.机电耦联动力系统的非线性振动.北京:科学出版社.

屈维德,唐恒铃.2000.机械振动手册.北京:机械工业出版社.

任永.2012.风力机叶轮不平衡故障建模与仿真研究.武汉:华中科技大学硕士学位论文.

史魁,岳永坚.2013.电动机转子深沟球轴承刚度的测试.现代制造工程,(12):77-80.

宋保维,曾文花,毛昭勇,等.2009.基于熵权的机械传动系统方案评价的模糊 AHP 法.火力与指挥控制,8:128-131.

宋彦.2010.伺服系统提高速度平稳度的关键技术研究与实现.长春:中国科学院长春光学精密机械与物理研究所博士学位论文.

王宏胜,章玮,胡家兵,等.2010.电网电压不对称故障条件下 DFIG 风电机组控制策略.电力系统自动化,34(4):97-102.

伍平.2004.多体系统动力学建模及数值求解研究.成都:四川大学硕士学位论文.

信伟平.2005.风力机旋转叶片动力特性及响应分析.汕头:汕头大学硕士学位论文.

邢子坤.2008.基于动力学的风力发电机齿轮传动系统可靠性评估及参数优化设计.重庆:重庆大学硕士学位论文.

徐海亮,章玮,陈建生.2013.电网电压不平衡且谐波畸变时双馈风电机组转矩波动抑制.电力系统自动化,37(7):12-17.

许本文,焦群英.1998.机械振动与模态分析基础.北京:机械工业出版社.

许艳.2005.风力发电机组关键部件的有限元分析.乌鲁木齐:新疆大学硕士学位论文.

杨涛,任永,刘霞,等.2012.风力机叶轮质量不平衡故障建模及仿真研究.机械工程学报,48(6):130-135.

苑国锋,李永东,柴建云.2009.双馈异步风力发电机新型无位置传感器控制方法.清华大学学报(自然科学版),49(4):461-464.

张丹.2008.含摩擦环节伺服系统的补偿控制.西安:西安电子科技大学硕士学位论文.

张剑.2011.含摩擦伺服系统的建模与控制研究.合肥:中国科学技术大学硕士学位论文.

张锦源.2006.风力机可靠性的研究.汕头:汕头大学硕士学位论文.

张良玉. 2006. 水平轴大功率高速风力机风轮空气动力学计算. 兰州:兰州理工大学硕士学位论文.

周鹏. 2011. 双馈异步风力发电系统低电压穿越技术研究. 杭州:浙江大学博士学位论文.

朱才朝,黄泽好,唐倩,等. 2005. 风力发电齿轮箱系统耦合非线性动态特性的研究. 机械工程学报,8:203-207.

邹文,丁巧林,杨宏,等. 2011. 基于 Mycielski 算法的风电场风速预测. 电力科学与工程:1-4.

Abdel-Aal R E, Elhadidy M A, Shaahid S M. 2009. Modeling and forecasting the mean hourly wind speed time series using GMDH-based abductive networks. Renewable Energy,34(7): 1689-1699.

Ahlström A. 2005. Aeroelastic simulation of wind turbine dynamics. Sweden: Royal Institute of Technology Department of Mechanics.

Alexiadis M C, Dikopoulos P S, Sahsamanoglou H S, et al. 1998. Short-term forecasting of wind speed and related electrical power. Solar Energy,63(1):61-68.

Barbosa R S, Machado T, Jesus I S. 2010. Effect of fractional orders in the velocity control of a servo system. Computers & Mathematics with Applications,59(5):1679-1686.

Boland P, Willems P Y, Samin J C. 1975. Stability analysis of interconnected deformable bodies with closed-loop configuration. AIAA Journal,13(7):864-867.

Canale M, Fagiano L, Milanese M, et al. 2007. Robust vehicle yaw control using an active differential and IMC techniques. Control Engineering Practice,15(8):923-941.

Caselitz P, Giebhardt J. 2005. Rotor condition monitoring for improved operational safety of offshore wind energy converters. Journal of Solar Energy Engineering,127(2):253-261.

Chiang M H. 2011. A novel pitch control system for a wind turbine driven by a variable-speed pump-controlled hydraulic servo system. Mechatronics,21(4):753-761.

Emami A, Noghreh P. 2010. New approach on optimization in placement of wind turbines within wind farm by genetic algorithms. Renewable Energy,(35):1559-1564.

Friedmann P P. 1976. Aeroelastic modeling of large wind turbines. Journal of American Helicopter Society,21(4):17-27.

Gunjity S B. 1997. Wind turbine. Aerospace Sciences Meeting Exhibit:64-72.

Horowitz R, Li Y F, Oldham K, et al. 2007. Dual-stage servo systems and vibration compensation in computer hard disk drives. Control Engineering Practice,15(3):291-305.

ISO. 2007. Calculation of Load Capacity of Spur and Helical Gears—Part 1: Basic Principles, Introduction and General Influence Factors. 2nd ed. ISO 6336-1.

Jenny N, Ronny R, Thien T N. 2010. Mass and aerodynamic imbalance estimates of wind turbines. Energies,3(4):696-710.

Jesper W L. 2005. Nonlinear dynamics of wind turbine wings. Aalborg: Aalborg University.

Jiang D X. 2009. Theoretical and experimental study on wind wheel unbalance for a wind turbine. World Non-Grid-Connected Wind Power and Energy Conference:1-5.

Jing Q F, Guo Q, Gu X M. 2008. Research on an improved FIR-ALE method for sinusoidal phase jitter compensation. Digital Signal Processing,18(4):505-525.

Kazuteru N,Takamasa H,Kiyotaka I,et al. 2008. Driving performance of high reduction planetary gear drive with meshing of arc tooth profile gear and pin roller. American Society of Mechanical Engineers,7:247-254.

Keibling F. 1984. Modellierung des aeroelastisehen gasamt-systems einer windturbine mit hilfe symboliseher programmierung. Gottingen: Deutsche Forschungs and Versuchsan-stalt fur Luft-und Raumfahrt Forschungsbereich Werkstoffe und Bauweisen, Abteilung Elasto-mechanik and Aeroelastische Stabilit:258-269.

Krull F. 2004. Vibrations and dynamic behavior of gearboxes in drive trains of wind turbines. Proceedings of the 7th German Wind Energy Conference(DEWEK):120-126.

Kusiak A,Zhang Z J. 2012. Control of wind turbine power and vibration with a data-driven approach. Renewable Energy,43:73-82.

Liao Y,Li H,Yao J,et al. 2011. Operation and control of a grid-connected DFIG-based wind turbine with series grid-side converter during network unbalance. Electric Power Systems Research,81(1):228-236.

Likins P W. 1972. Finite element appendage equations for hybrid coordinate dynamic analysis. Journal of Solids & Structure,8(5):709-731.

Lillico M,Butler R. 1998. Finite element and dynamic stiffness methods compared modal analysis of composite wings. AIAA Journal,11(36):2148-2151.

Lin J,Parker R G. 1999. Analytical characterization of the unique properties of planetary gear free vibration. Journal of Vibration and Acoustics,121(3):316-321.

Louka P,Galanis G,Siebert N,et al. 2008. Improvements in wind speed forecasts for wind power prediction purposes using Kalman filtering. Journal of Wind Engineering and Industrial Aerodynamics,96(12):2348-2362.

Methaprayoon K,Lee W J,Yingvivatanapong C,et al. 2005. An integration of ANN wind power estimation into unit commitment considering the forecasting uncertainty. Industrial and Commercial Power Systems Technical Conference:116-124.

Michael S V,Joseph K. 1996. Unsteady aerodynamic model of flapping wings. AIAA Journal,34(7):1435-1440.

Mustakerov I,Borissova D. 2010. Wind turbines type and number choice using combinatorial optimization. Renewable Energy,(35):1887-1894.

Nagai M,Shino M,Gao F. 2002. Study on integrated control of active front steer angle and direct yaw moment. JSAE Review,23(3):309-315.

Nazir M B,Wang S P. 2009. Optimization based on convergence velocity and reliability for hydraulic servo system. Chinese Journal of Aeronautics,22(4):407-412.

Oezgueven H N,Houser D R. 1988. Mathematical models used in gear dynamics—A review. Journal of Sound and Vibration,121(3):383-411.

Peter T. 2008. Wind power as a clean-energy contributor. Energy Policy,36(12):4397-4400.

Ronny R,Jenny N. 2009. Imbalance estimation without test masses for wind turbines. Journal of

Solar Energy Engineering,131(1):1-7.

Saidur R,Rahim N A,Islam M R,et al. 2011. Environmental impact of wind energy. Renewable and Sustainable Energy Reviews,15(5):2423-2430.

Schmid J,Drapalik M,Kancsar E,et al. 2011. A study of power quality loss in PV modules caused by wind induced vibration located in Vienna. Solar Energy,85(7):1530-1536.

Steinhart E. 1981. Dynamic and aeroelastic charaeteristics of complete wind turbines systems. The 7th European Rotor-craft and Powered Lift Aircraft Forum:Garmisch-Partenkirehen:142-156.

Stephen A H,Michael C R,David S,et al. 1996. Unsteady aerodynamics associated a horizontal-axis wind turbine. AIAA Journal,34(7):1410-1419.

Sunada W,Dubow S S. 1971. The applications of finite element methods to dynamic analysis of flexible spatial and co-planar linkage systems. ASME Journal of Mechanical Design,103(3):643-651.

Vieente P,Viedma A,Horn R. 1999. Oscillating turbulent flow over different NACA profiles:A finite element approach to dynamic stall. European Wind Energy Conference:53-60.

Wang F T,Zhang L,Song L T,et al. 2011. Order tracking of wind power gearbox vibration signal based on SVD noise reduction and IFE. Energy Procedia,13:7147-7156.

Warmbrodt W,Friedmann P P. 1978. Aeroelastic response and stability of a coupled rotor/support system with application to large horizontal axis wind turbine. UCLA-ENG-7881:32-57.

Warmbrodt W,Friedmann P P. 1979. Formulation of the aeroelastic stability and response problem of coupled rotor/support system. Structural Dynamics and Materials Conferences,Part 2,AIAA Journal,(29002):11-39.

Welfonder E,Neifer R,Spanner M. 1997. Development and experimental identification of dynamic models for wind turbines. Control Engineering Practice,5(1):63-73.

Wu Z,Wang H S. 2012. Research on active yaw mechanism of small wind turbines. Energy Procedia,16,Part A:53-57.

Xu H L,Hu J B,He Y K. 2012. Operation of wind-turbine-driven DFIG systems under distorted grid voltage conditions:Analysis and experimental validations. IEEE Transactions on Power Electronics,27(5):2354-2366.

Yan X,Venkataramanan G,Flannery P S,et al. 2010. Voltage-sag tolerance of DFIG wind turbine with a series grid side passive-impedance network. IEEE Transactions on Energy Conversions,25(4):1048-1056.

Yang P,Takamura T,Takahashi S,et al. 2011. Development of high-precision micro-coordinate measuring machine:Multi-probe measurement system for measuring yaw and straightness motion error of XY linear stage. Precision Engineering,35(3):424-430.

Yasui H,Marukawa H,Momomura Y,et al. 1999. Analytical study on wind-induced vibration of power transmission towers. Journal of Wind Engineering and Industrial Aerodynamics,83 (1-3):431-441.

Yoo W S, Haug E J. 1985. Dynamics of flexible mechanical systems using vibration and static correction modes. American Society of Mechanical Engineers, 108: 315-322.

Zhao M H, Jiang D X, Li S H. 2009. Research on fault mechanism of icing of wind turbine blades. World Non-Grid-Connected Wind Power and Energy Conference: 1-4.

Zhu C H, Li P J, Wang J P, et al. 2011. Research on intelligent controller of wind-power yaw based on modulation of artificialneuro-endocrine-immunity system. Procedia Engineering, 15: 903-907.